新　編
漁業法のここが知りたい

（付　水産資源保護法・海洋生物資源の保存及び管理に関する法律・
遊漁船業の適正化に関する法律・水産基本法）

＜2訂増補版＞

金　田　禎　之　著

株式会社
成山堂書店

はしがき

海や川などの公有水面を，漁業だけでなく海運業，遊漁船業などの産業あるいは広くレクリエーションの場として利用される多くの方々にご理解して頂くための漁業制度に関する入門書として，平成6年8月に「漁業法のここが知りたい」を刊行してから二十余年が経過しました。この間に新しい法令，通達，判例，資料などの変更に伴って内容の追加・変更を行ってまいりました。

わが国の社会経済の変化や国際化の進展の中で，水産業をめぐる情勢も大きく変化しています。わが国は，平成8年に国連海洋法条約を締結し，同条約の考え方である沿岸国主義に基づく新しい日韓漁業協定が平成11年に，日中漁業協定が平成12年にそれぞれ発効し，本格的な二百海里体制へと移行することとなりました。

一方，わが国周辺水域の資源水準は悪化傾向にあり，また，漁業の担い手の減少，高齢化の進展など水産業は厳しい状況となっています。

このような水産業をめぐる内外の諸情勢の下で，水産政策全般を総合的に見直し，今後の水産政策に関する理念の明確化と政策の再構築を図る目的で，「水産基本法」が平成13年6月29日に公布施行されました。その理念の具体的な実現を図るということから「漁業法」,「水産資源保護法」,「海洋生物資源の保存及び管理に関する法律」,「遊漁船業の適正化に関する法律」などについても，資源管理の強化および効率的かつ安定的な漁業経営体の育成等の観点から大幅な改正が行われました。

平成15年1月に，これらの4法について解説した「新編漁業法のここが知りたい」を刊行しました。今回はその後に行われた法の改正などに伴い，本の内容を一部追加・改訂して新しく「2訂増補版」として刊行することとしました。

本書は，海や河川等を利用される漁業関係の方だけでなく，海運業，遊漁船業等の産業にたずさわる方，釣り人等の親水性のレクリエーションを楽しもうとする方を含めた，広い一般の多くの方々のために書いた漁業制度についての入門書です。このため，なるべくこれらの方々にも理解されやすいように，写真等も多く掲載して，できるだけわかりやすい表現でその要点を簡潔に記述しました。これらの関係のみなさま方のご参考になれば幸いです。

平成28年9月

金田禎之

目　　次

第1部　漁　業　法

第1編　総　　説

第1章　制度の歴史 …………………………… 1
歴史の積み重ねによって，はじめて，現在の制度が誕生した
(1)　江戸時代の漁業制度 …………………………… 1
沿岸は，領主に領有され，そのもとで村や漁民による排他独占的な一村専用漁場や個別独占漁場が形成されたが，沖合に，自由な入会漁場であった
(2)　海面官有，借区制度 …………………………… 7
明治中央政府が突如として出した太政官布告によって漁場紛争が激化紛糾し，1年にして失敗した
(3)　明治の漁業制度 …………………………… 9
江戸時代からの古い慣行を尊重して，つくられた法律である
(4)　現行の漁業制度 …………………………… 11
昔の漁場利用関係は，すべて国によって補償され，白紙還元したうえで行われた制度改革である
第2章　総　則 …………………………… 15
(1)　用語の定義 …………………………… 15
漁業には，水産動植物を採捕する事業と養殖する事業の二つの種類がある
(2)　法の適用範囲 …………………………… 18
海や河川等の公共の用に供する水面には，すべてに適用される
(3)　制度的漁業分類 …………………………… 20
なぜ，漁業には漁業権や許可等の制度を必要とするのか

第2編 漁 業 権

第1章 漁業権の種類 …… 24
漁業権には，定置，区画，共同の3種類がある
(1) 定置漁業 …… 25
定置網漁業の中で，大型のものだけが対象になる
(2) 区画漁業 …… 27
水面を区画して行う漁業であるので，「養殖業」のことをそう呼んでいる
(3) 共同漁業 …… 30
一定の水面を漁業協同組合で，共同に利用して営むような小規模な漁業のことをいう
第2章 漁業権の設定 …… 34
法定された手順によってのみ設定される。利害関係人は公聴会において，意見を十分述べておくことが大切である
(1) 漁場計画 …… 36
漁業権を免許するときには，その都度，民意を十分尊重した漁場計画を立てて，それに基づいて行うことになっている
1 漁場計画を樹立する場合 …… 36
漁場の総合利用を図る必要があり，かつ，公益上に支障を及ぼさないことの二つの場合をいう
2 公益に支障を及ぼすものとは …… 37
公益とは不特定で，かつ，多数のものに及ぼす利益（港や航路の建設等）のことをいう
3 他産業や遊漁等との調整 …… 38
漁業法には特に規定されていないが，公有水面の関係法（港湾法，河川法，公有水面埋立法等）を遵守し，産業間や遊漁等との調整を図らなければならないことは当然である

4　漁場計画で決定すべき事項 …… 40
免許の内容のほか，免許予定日，申請期間，地元地区（関係地区）を決定する
(2)　漁業権の免許 …… 42
申請者の中から適格性・優先順位を審査して免許される
1　適格性 …… 43
免許を受け得る最小限度の資格要件をいう
2　優先順位 …… 46
資格審査（適格性）をパスした者の中から免許を受ける順番のことをいう
3　免許をしない場合 …… 50
適格性がない場合，漁場計画と異なる場合，同種の漁業が集中する場合，漁場の敷地や水面の所有者または占有者の同意がない場合である
第3章　漁業権の性質 …… 51
行政庁によって漁業を営む権利を付与したものである
(1)　漁業を営む権利 …… 51
漁業権は，水面の支配権や所有権ではない
(2)　免許の内容 …… 53
漁業権は，特定の漁場区域，漁業種類，漁業時期等の免許の内容の範囲内において認められた権利である
(3)　存続期間 …… 55
漁業権は，一定の期間を限って存続する権利である
(4)　漁業権の発生 …… 57
漁業権は行政庁の免許によってのみ生ずる権利である
(5)　漁業権の物権性 …… 58
物権的請求権を有する点が，他の漁業と異なる

(6) 漁業権の担保性 …… 60
漁業権は，例外のものを除き，原則として担保化は認められていない
(7) 漁業権の譲渡性 …… 61
漁業権は，例外のものを除き，原則としては移転は認められていない
(8) 漁業権の貸付 …… 62
漁業権の貸付は，いかなる場合でも禁止されている
(9) 親告罪 …… 63
漁業権または行使権の侵害行為に対しては親告罪が適用される

第3編 許 可 漁 業

第1章 知事許可漁業 …… 64
法定知事許可漁業と知事許可制漁業がある
(1) 法定知事許可漁業 …… 65
法律で国が統一的に規制し得るようになっている
(2) 知事許可制漁業 …… 67
違反者は法に基づく罰則が適用される
第2章 大臣許可漁業 …… 69
政令で定められた指定漁業と省令で定められた特定大臣許可漁業がある
(1) 指定漁業 …… 69
法律に基づき政令によって，現在13種類の漁業が指定されている
(2) 特定大臣許可漁業 …… 72
法律に基づき農林水産省令によって定められている

第4編 漁業調整委員会

第1章 委員会の性格 …… 75
戦後初めて採用された行政委員会である

第2章　委員会の種類と組織 …… 77
海面には，海区委員会，連合海区委員会および広域委員会が，内水面には，内水面漁場管理委員会がある
(1)　海区委員会の設置 …… 78
全国に66の海区が設置されている
(2)　海区委員の構成 …… 78
一般には15名，特別海区は10名で構成される
第3章　海面利用協議会 …… 79
漁業と海洋性レクリエーションとの調整を図り，海面の円滑な利用を図るための機関である
第4章　委員会の権限と機能 …… 82
諮問機関，建議機関，決定（裁定・指示・認定）機関等の広範な権限，機能を有している
第5章　委員会指示 …… 84
漁業調整上必要があると認めるときは，関係者に対し誰に対しても必要な指示をすることができる
(1)　指示の内容と機能 …… 84
一般的，固定的な制限禁止について定める法令に対し，緊急的，補完的な措置として発動されるものである
(2)　指示の法的効力 …… 86
知事の裏付け命令がなければ，違反者に対する罰則は適用されない

第5編　内水面漁業制度

第1章　内水面漁業の特性 …… 89
漁業を営まない水産動植物の採捕者が非常に多く，広範に存在している
(1)　性　格 …… 89
一般の採捕者，遊漁者が多く，資源上増殖しなければ成り立たない水面である

(2) 範 囲 …… 90

河川・湖沼のうち，規模の大きい湖沼は除かれている

(3) 管理団体 …… 91

漁業を営まない一般の採捕者でも正組合員になれる，特殊の内水面漁業協同組合によって管理されている

第2章 内水面の共同漁業権 …… 92

内水面の第5種共同漁業権は，組合に対して増殖義務が特に法律によって課せられている

(1) 免許の要件 …… 92

内水面が増殖に適した水面であり，免許を受けたものが増殖を行う場合でなければ，免許されない

(2) 増殖命令と漁業権の取消し …… 94

組合が増殖命令に従わないときは，知事は法律によって漁業権を取り消さなければならない

第3章 遊漁規則制度 …… 95

第5種共同漁業権の内容である水産動物の採捕についても，遊漁規則によらなければ遊漁者の制限をすることはできない

(1) 遊漁規則の性質 …… 96

内水面においては，遊漁規則に定められていない魚類は，誰でも遊漁料を払わないでも釣りをすることができる

(2) 遊漁規則の内容 …… 97

遊漁規則の範囲，遊漁料，遊漁承認証等について定めている

(3) 遊漁規則の認可の要件 …… 99

遊漁を不当に制限しないこと，遊漁料の額が妥当であることの二つの要件を満たしている場合にのみ認可される

第4章 内水面漁場管理委員会 …… 101

海区漁業調整委員会と同様の権限と機能を有した内水面漁業に対する機関である

(1)　委員会の設置 …… 102

水産動植物の採捕および増殖に関する事項を処理するために，都道府県ごとに設置される

(2)　委員会の構成 …… 102

漁業者以外の単なる水産動植物の採捕者（遊漁者）の代表も必ず委員に加えなければならない

第6編　漁業と補償

第1章　補償の根拠 …… 104

損失補償と損害賠償（憲法第29条第3項と民法第709条）

第2章　補償の基準 …… 106

「公共用地の取得に伴う損失補償基準要綱」は，一般の補償基準にも参考にされる

第3章　漁業権漁業と補償 …… 109

漁業権は売買の対象とはなり得ない

第4章　公益上の取消し等に対する補償 …… 111

発動された例はほとんどなく，事前に関係の公共機関と漁業者との話し合いにより実質的に解決している

第7編　漁業と遊漁

第1章　遊漁の現状 …… 114

国民のレジャー志向の進展に伴って，遊漁人口は大きく増大の傾向にある

第2章　遊漁の概念 …… 116

レクリエーションを目的として水産動植物を採捕する行為をいう

第3章　遊漁の制度 …… 119

内水面と海面では取り扱いが全く異なっている

第2部 水産資源保護法

第1章 保護法の制定経過 …… 127
資源保護に関する旧漁業法等の規定に新しく積極的規定を加えて制定した
第2章 水産資源の保護培養 …… 128
資源保護培養のための各種の制限措置の規定である
(1) 水産動植物の採捕制限等 …… 128
都道府県漁業調整規制，特定大臣許可漁業等の取締りに関する省令等の根拠規定である
(2) 漁法の制限 …… 129
爆発物や有毒物を使用する漁法等は禁止されている
第3章 水産動物の種苗の輸入防疫制度 …… 130
海外からの魚病の侵入を防ぐための制度である
(1) 制度の概要 …… 130
特定の種苗の輸入に対して農林水産大臣の許可制度が導入されている
(2) 制度の対象となるもの …… 131
特定の増殖・養殖用の種苗および容器包装が対象となる
第4章 保護水面 …… 133
産卵，成育等に特に適した水面を指定する
(1) 保護水面の定義 …… 133
水産資源の保護培養のために必要な措置を構ずべき水面として指定した区域をいう
(2) 保護水面の指定 …… 133
都道府県知事および農林水産大臣がそれぞれ指定する
(3) 保護水面の管理 …… 134
管理計画を定め，保護水面の管理が必要である

第５章　さく河性魚類の保護培養 ……………… 135
繁殖，成育のために，河川を広範囲に移動する重要魚類の資源保護に対する措置が必要である
(1)　水産研究・教育機構の人工ふ化放流事業 ……………… 136
農林水産大臣が定めた実施計画に基づいて人工ふ化放流を実施する
(2)　さく河魚類の通路の保護 ……………… 138
通路となる水面の工作物に対する制限または禁止事項が定められている

第３部　海洋生物資源の保存及び管理に関する法律

第１章　制度創設の必要性 ……………… 141
なぜ資源管理法が制定されたか
(1)　国連海洋法条約の履行 ……………… 141
排他的経済水域を設定した場合の義務である
(2)　資源管理措置の強化 ……………… 143
漁業法等による規制との違い
第２章　用語の定義 ……………… 146
(1)　排他的経済水域等 ……………… 146
排他的経済水域・領海・内水・大陸棚をいう
(2)　漁獲可能量 ……………… 147
排他的経済水域等において採捕できる海洋生物資源の種類ごとの年間の数量の最高限度
(3)　漁獲努力量 ……………… 149
海洋生物資源を採捕するために行われる漁ろう作業の量
第３章　基本計画と都道府県計画 ……………… 150
国と都道府県でそれぞれ分担して計画を設定する
(1)　計画制度の設定 ……………… 150
資源の保存管理を適切に行うために計画を定める

(2) 基本計画 …… 150
農林水産大臣が設定する計画
(3) 都道府県計画 …… 151
都道府県知事が設定する計画
(4) 指定海洋生物資源 …… 154
都道府県知事が保存および管理を行う必要があるとして指定した特定海洋生物資源
第4章 漁獲可能量等の管理 …… 156
公的な規制措置による資源管理
(1) 採捕数量等の公表 …… 156
採捕量等が大臣管理量等または知事管理量等を超えるおそれがある場合に行われる
(2) 助言，指導，勧告 …… 157
採捕量等が大臣管理量等または知事管理量等を超えないために行われる
(3) 採捕の停止等 …… 158
採捕量等が大臣管理量等または知事管理量等を超えているか，超えるおそれが著しいときに発動される
(4) 個別割当てによる採捕の制限 …… 159
指定漁業，承認漁業，知事許可漁業等についての個別割当て方式も採用できる
(5) 停泊命令 …… 159
採捕の停止命令等の違反者に対する行政処分
第5章 協 定 …… 160
漁業者自らが取り組む資源管理
(1) 協定の締結 …… 160
大臣管理量等または知事管理量等に係る採捕を行う者が協定を結び，大臣または知事の承認を受ける

(2)　協定の認定等 …… 160
協定の内容が適法であるものは認定される
(3)　アウトサイダーの協定参加のための措置 …… 161
大臣または知事は，申請に基づき協定参加のあっせんを行う
(4)　漁業法等による措置 …… 161
大臣または知事は，申請に基づき協定の目的達成のため法令による措置を行う

第4部　遊漁船業の適正化に関する法律

第1章　遊漁船業の沿革 …… 163
日本各地の地場産業として独自の発展をしてきた
(1)　遊漁船業の歴史 …… 163
江戸時代からの長い歴史のある海の生業である
(2)　遊漁船業法の改正 …… 165
やっと知事の強制登録制度が実施される
第2章　遊漁船業法の目的 …… 167
釣客等の安全等の確保，漁場秩序の確保を図る
第3章　組織化の推進 …… 168
組織化が遊漁船業発展のための鍵である
(1)　組織活動の促進 …… 168
遊漁船業法の推進のためにも，「団体の適正なる活動の促進」を図ることが必要である
(2)　団体の指定 …… 169
事業協同組合等の自主的な活動を推進するために指定を行う
第4章　用語の定義 …… 173
遊漁船業，遊漁船は，いずれも営む業であり，営むための船舶をいう

(1) 遊漁船業の定義 …… 173
遊漁船業は，第3次産業（サービス業）である
(2) 遊漁船の定義 …… 174
プレジャーボートは，遊漁に使用するものであっても「遊漁船」ではない
(3) 遊漁船業者の定義 …… 174
遊漁船業者の登録を受けた遊漁船業を営む者をいう
第5章 遊漁船業の登録 …… 175
都道府県知事の届出制から登録制に改められた
(1) 遊漁船業の登録 …… 175
無登録操業は厳しい罰則が適用される
(2) 登録の申請 …… 175
法定の添付書類を添え登録申請書を知事に提出する
(3) 登録の実施 …… 176
適法の登録申請があった場合は，登録簿に記載するとともに申請者に通知される
(4) 登録の拒否 …… 177
各種の登録拒否要件が定められている
(5) 変更の届出 …… 178
届出を怠ると100万円以下の罰金に処せられる
(6) 遊漁船業者登録簿の閲覧 …… 178
名簿は，一般に広く公開される
(7) 廃業等の届出 …… 179
廃業等の場合は，登録の効力は失われる
(8) 登録の抹消 …… 180
都道府県知事の登録抹消義務
(9) 登録の掲示 …… 180
営業所および遊漁船に対する標識の掲示義務

⑽　名義利用等の禁止 …… 182
名義貸しをした者は，3年以下の懲役または300万円以下の罰金等の罰則が適用される
⑾　登録の取消し等 …… 183
法令違反等を犯せば，取消し等の処分を受ける場合もある
第6章　業務規程，業務主任者等 …… 184
各種の業務上の義務が課せられている
(1)　業務規程 …… 184
釣り人等の安全，資源保護，漁場調整等の確保のために遊漁船業者，従業員が遵守すべき事項を定める
(2)　業務主任者 …… 186
遊漁船の船長等が，遊漁船業務主任者講習会を受講して業務主任者として選任される
(3)　業務改善命令 …… 188
業務規程が不適切，業務主任者業務不履行，釣船賠償保険が未保険等の場合に発動される
第7章　遊漁船業者の遵守事項 …… 189
遊漁船業者が必ず遵守すべき4項目の事項とは
第8章　遊漁船業の役割 …… 191
新しい海洋レジャーのニーズに適合した，秩序ある受入れ体制の整備が必要である

第5部　水産基本法

第1章　法制定の背景 …… 193
水産業をめぐる情勢が大きく変化した
第2章　法の目的と基本理念 …… 196
国民生活の安定向上と国民経済の健全なる発展を図ることが究極の目的である

(1) 目　的 …… 196
水産の施策に関する基本理念等を定めて水産の施策を総合的，計画的に推進する

(2) 基本理念 …… 196
水産政策における最も基本的かつ重要な事項

(3) 関係者の責務等 …… 200
基本理念を実現するためには，関係者全体が取り組むことが必要である

第3章　基本的政策 …… 204
基本理念に対応して定められている

(1) 水産基本計画 …… 204
水産に関する施策の総合的かつ計画的な推進を図るための計画

(2) 水産物の安定供給の確保に関する施策 …… 208
基本理念の「水産物の安定供給の確保」を実現させるための施策

(3) 水産業の健全な発展に関する施策 …… 215
基本理念の「水産業の健全な発展」を実現するための施策

第4章　行政機関および団体 …… 221
行政組織の整備，行政運営の効率化・透明性や水産団体の効率的な再編整備が必要である

第5章　水産政策審議会 …… 222
水産政策に関する重要事項を審議事項とする唯一の政策審議型の審議会

索　引 …… 224

第1部　漁　業　法

第1編　総　　説

第1章　制度の歴史

歴史の積み重ねによって，はじめて，現在の制度が誕生した

日本の漁業制度は，長い歴史の積み重ねによってでき上がっているものであり，現行の制度を理解されるためには，まずその歴史的沿革を知ることが必要であると思います。

(1)　江戸時代の漁業制度

沿岸は，領主に領有され，そのもとで村や漁民による非他独占的な一村専用漁場や個別独占漁場が形成されたが，沖合は，自由な入会漁場であった

多くの神話や伝説によっても分かりますように，わが国の漁業の歴史は非常に古く，比較的近世に至るまで，これらの漁業は，原則として誰でも自由に行うことができ，特定の者によって制限，禁止されるようなことはほとんどありませんでした。このことは，大化の改新の際に出された「大宝律令」の雑令の中に「山川藪沢の利は，公私これを共にす。」ということが書かれていますが，これによってみても明らかです。

鎌倉時代以後においては，各種の漁具・漁法が発達する一方，封建制度の進展に伴って，領主，豪族等の統治のもとに漁場の利用関係も地方によって，それぞれ異なった変遷発達の途をたどってきました。

江戸時代になって，地方の封建制度が完備されるに伴って，各領主が漁場を土地と同じように領有することを前提とした漁業制度が成立するに至りました。寛保元年（1741年）に出された「律令要略」の中に「魚猟海川境論」という表題で次のようなことが書かれています。

> 魚猟海川境論
>
> 一　魚猟入会場は，国境之無差別
>
> 一　村並之猟場は，村境を沖え見通し，猟場の境たり
>
> 一　磯猟は地附次第なり，沖は入会
>
> 一　川は附寄次第に随ひ，中央境たり

1　磯　猟　場

(ア)　一村専用漁場

このように海面においては，磯猟場とその沖の沖猟場の二つに区分されてその利用が行われておりましたが，この中の磯猟場については，領主の所領した領域と見ることのできる一定の水域がありました。

これは，領主からみれば領域として貢租賦課の対象となる水域であり，一方，村や漁業者からみると，海を支配し，独占的に漁業ができる漁場でもあったわけです。このような性格を持った一村専用漁場の磯猟場がこの時代に形成されたのです。一部には，一村だけではなく，

複数の村が共同して専用した漁場もありました。

一村専用漁場の範囲は，前述したように，隣村との境は，村境を基点として沖へ見通した線であり，沖合は陸からの地続きまたは磯根，岩根続きの範囲であって，所によっては櫂（かい）の立つ範囲とも定められていましたが，実際は地域によって遠近さまざまであったようです。

なお，河川の漁場においては，海における沖猟場に対応するものはなく，すべて磯猟場に準ずるものでした。漁場は，河川に沿った村の専用であるのが原則でしたが，村の境をあまり設けず，両村で入会（いりあ）って利用する場合も多かったようです。さらに，対岸の村との川境については，前述のように「川は附寄次第に随ひ，中央境たり」とあり，一般には河川流域の中央をもって漁場の境とされたようです。

このようにして，封建領主が地先水面を領有し，磯猟場として漁業の権利を村に与えた「一村専用漁場制度」が江戸時代において確立したのです。これらの磯猟場は，当時，土地と同じように，土地の延長として支配，所有の概念をもって律せられた海域でありました。明治維新以後においてもこれらの慣行は受け継がれ，これが　法制化された明治漁業法では，「地先水面専用漁業権」として権利化されました。近代的な法制度である現行漁業法では，権利の内容は違いますが定棲性の水産動植物を対象としたものについては，「第1種共同漁業を内容とする共同漁業権」として受け継がれて今日に至っています。このようにして，日本の漁業制度は長い歴史の積み重ねによってでき上がっています。私が昔，漁業調整の仕事で漁村に行ったときに，領主からもらったお墨付きと称する古文書を見せられ，「どこどこの漁場は昔から自分たちの村のものである。」とか「おらが海である。」というようなことをよく聞かされましたが，連綿として当時の考えが，時

ナマコ漁の図（日本山海名産図会巻之四）

代は変わり，制度が変わっても，残っていたことを痛感させられたことでした。

(ｲ)　個別独占漁場

一村専用漁場における漁業のほとんどのものは，誰でもできる海藻，貝類等の採捕や磯漁業のような小規模な漁業であり，村人に漁場の利用を広く振り当てて，代々稼業として漁業を行っていたものです。しかし，一方では漁業技術の発達に伴って，各種の定置網，敷網，建網等やノリ・カキの養殖業のような漁業が出現し，これらに使用する網具の敷設や養殖を行う場所が必要であったり，また，漁具，漁船等に多くの資本が必要で誰でもできるような漁業ではないために，領主は磯猟場の一部を，経営能力のある特定の者だけに，特定の漁業を個別独占漁場として特許したのです。これらは，名主等の特権階級に

ブリ立網の図（日本山海名産図会巻之三）

カキ養殖の図（日本山海名産図会巻之三）

与えられて，後々まで網元として承継されてきました。これらの漁業は，明治漁業法のもとでは，定置漁業権，特別漁業権，区画漁業権等として受け継がれ，さらには，現行漁業法における定置漁業権，区画漁業権，および一部の第２種共同漁業，第３種共同漁業を内容とする共同漁業権へと受け継がれたのです。

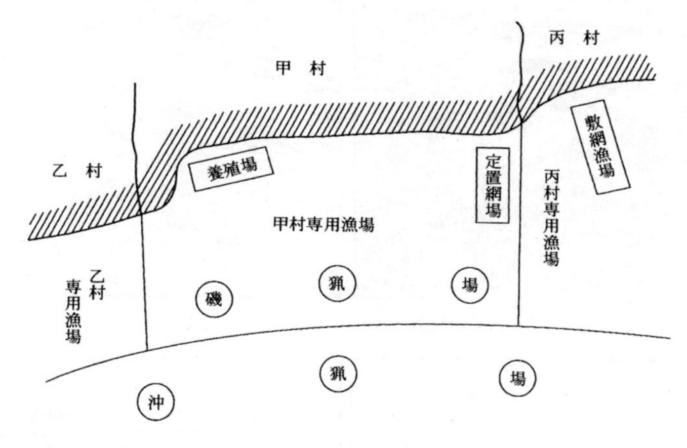

江戸時代の漁場利用図

２　沖　猟　場

磯猟場の沖には，沖猟場がありました。この沖猟場は，当特においても領主の所領の領域の対象とはならなかっただけでなく，一方，漁村や漁業者にとっても物権的な財産権の対象とはなし得ない漁場でした。したがって，この漁場は一般には，誰でも自由に漁業をすることのできる漁場でした。すなわち「沖は入会」，「魚猟入会場は，国境之無差別」の性格を有していたものです。しかし，時代が進むとともに漁具・漁法が発達し，一方漁業者の数も増えるにしたがって，これらの間で競合も発生するに至りました。これらの中には，地域的に，業種別にギルド的な団体をつくって，漁民数，漁船数，漁具の制限等を行って，それぞれの地位を守ろうとする者もありました。しかし，これらは，明治漁業法のもとにおいても，一般には漁業権漁業の対象とはならないで，自由漁業，許可漁業の対象として現在に引き継がれている漁業です。

(2)　海面官有，借区制度

明治中央政府が突如として出した太政官布告によって漁場紛争が激化紛糾し，１年にして失敗した

明治維新によって，漁場の領有を基礎とする領主とその家臣団による支配機構は排除されましたが，漁場の占有を主体とする利用関係は，実質的には一応そのまま継承されました。政府は，従来の貢租諸役は，雑役を除いてそのまま租税の形態で承継し，これによって漁場の占有関係を承認するとともに，従来の慣行をそのまま続けさせて，漁場秩序の混乱を避けたのです。

ところが，明治８年になって明治政府は，突如として，雑税の廃止と同時に海面官有を宣言し，旧来の漁業に関する権利や慣行を一切否認し，新たなる申請に基づいて借区料の徴収を主体とした新漁業制度の実施を強行したのです。このような海面官有宣言，海面借区制は，従来の漁場占有利用権を消滅させ，新政府の許可によって再びそれを発生させる形で，漁場占有利用権の上に強い統轄を加えようとするものでした。

太政官布告第 23 号（明治８年２月 20 日）
従来雑税ト称スルハ旧慣ニ因リ区々ノ収税ニテ軽重有無不平均ニ付別

紙種目ノ分本年1月1日ヨリ相廃シ候尤右ノ内追テ一般ニ課税スヘキ分モ可有之候得共差向収税無之テハ営業取締差支候類ハ当分地方ニ於テ収税ノ筈ニ候条旨布告候事

太政官布告第195号（明治8年12月19日）

従来人民ニ於テ海面ヲ区画シ捕魚採藻等ノ為メ所用致居候者有之候処右ハ固ヨリ官有ニシテ本年2月第23号布告以後ハ所用ノ権無之候条従前ノ通所用致度者ハ前文布告但書ニ準シ借用ノ儀其管轄庁へ可願出此旨布告候事

太政官達第215号（明治8年12月19日）

捕魚採藻ノ為海面所用ノ儀ニ付今般第195号ヲ以テ布告候ニ付テハ右借用願出候者ハ調査ノ上差許シ其都度内務省へ可届出此旨相達候事，但是迄当分ノ収税致シ来候分ハ其税額ヲ以テ借用料ニ引直シ可申事

しかし，その結果は，漁業および漁民の間で漁場の争奪をめぐっての紛争が激化し，一年を経ずして早くも海面の借区制はこれを事実上廃止し，漁業旧慣の再確認によって事態を収拾せざるを得なかったのです。

太政官達第74号（明治9年7月19日）

明治8年12月第215号ヲ以テ捕魚採藻ノ為メ海面所用ノ儀ニ付相達置候処詮議ノ次第有之右但書取消シ候条以来各地方ニ於テ適宜府県税ヲ賦シ営業取締ハ可成従来ノ慣習ニ従ヒ処分可致此旨相達候事

このようにして，江戸時代以来の長い間の歴史の積み重ねによってでき上がった漁場利用の慣行は，明治政府の権力をもってしても簡単に崩すことはできないで，失敗に終わりました。

しかしながら，この裏には政府部内においても，内務省の海面官有

説と大蔵省の海面公有説等の意見の対立があったといわれております。これらの詳細については，大城朝申著「漁業及漁業権制度」（昭和8年）に記述されていますが，参考までにその一部を次に掲げます。

「形の上では内務省の意見を採用して第215号達の但書のみを取消したのであったが内務省の提議する水中借区条例の発布は実現せず却って爾来各地方に於て漁業に対しては適宜府県税を課し其の営業取締は従来の慣習に従ひ処分すべき旨示達したので実質上明治8年第195号布告及同年第215号達を取消したことになり大蔵省の勝利に帰した。換言すれば水面借区の条例は太政官の採用する所とならず爾来海面使用料の徴収をなさず府県税として徴税し海面借用の出願を為さしめず成るべく従来の慣習に従って処分し慣行に因る漁業権が公認せられた譯で，内務省の海面官有，海面借区説が破れ大蔵省の海面公有，漁業権説が勝を制しここに漁業権制度に対する根本的態度が確定したのである。尤も此の問題は其の後も漁業法の制定に至る迄漁業権の性質其の公権なりや私権なりやに関連して終始論争せられた所であったが我が漁業法は遂に公有水面を基本とし其の上に水産動植物の採捕を目的とする漁業権なる私権を創定することになり漁業権制度の基本がここに確立した次第である。」

(3)　明治の漁業制度

江戸時代からの古い慣行を尊重して，つくられた法律である

わが国最初の漁業法は，帝国議会に提出されて以来10年の紆余曲折の歳月を経過して，明治34年にようやく通過し，翌35年から施行されました。しかし，これについては漁業権の法的性格のあいまい性，慣行漁業，慣行漁場の処理方法等種々の点て実情に則しない点が多く，ただちに改正の議が起こり，後9年して明治43年に全部改正が行われ，いわゆる明治漁業法の成立をみるにいたったのです。この制度は，大きく分けると沿岸漁業秩序を規制する漁業権制度，沖合遠洋漁業秩序を規制する漁業許可制度，資源保護のための漁業取締制度から成り立っています。これらは，主に封建時代から引き継がれた過去の慣行を基盤としてでき上がっているものであり，その後の諸般の情勢の変化，特に漁船の動力化というような新しい事態にもかかわらず，根本的な部分には何らの改正もなく戦後まで推移したのです。

明治漁業法による漁業権の種類は，専用漁業権，定置漁業権，区画漁業権，特別漁業権の4種類でした。これらの漁業権は，旧慣を承継して，その実績を維持してきた旧幕府以来の現実的漁場利用の関係を，入会漁場の関係（一村専用漁場）は専用漁業権に，個別独占漁場の関係は定置，区画，特別の3漁業権に組み入れられたのです。このように漁場利用の出発点においては慣行の承継が図られましたが，一方，新規免許については，先に申請した者に免許される，いわゆる先願主義がとられたのでした。このようにして得られた漁業権は，一度免許されると存続期間が20年という長期間のうえに，さらに存続期間が満了すれば，申請さえすれば簡単に更新できる，いわゆる更新制度が行われることによって，半永久化するに至ったのです。このような漁業権の財産的性格が長期にわたって濫用された結果，実際には行使されないおびただしい空権の発生を見るに至りました。このようにして漁場の民主化と生産力の発展を図るために不可欠な計画的な高度利用は，明治漁業法の制度の基では望めない行詰まりの状態になったのです。

⑷　現行の漁業制度

昔の漁場利用関係は，すべて国によって補償され，白紙還元したうえで行われた制度改革である

戦後になって，経済民主化政策の一環として，陸の農地解放に続いて，歴史的な海の漁業制度の改革が行われました。これは，占領下という特殊な状況のもとで，国会等においてもいろいろと紛糾しましたが，結局，昭和24年12月15日に新しい漁業法が成立公布されたのです。この漁業法（昭和24年法律第267号）は，長年慣行として行われてきた沿岸漁場の全面的な整理を行ったものであって，旧漁業権およびこれに関連する権利関係はすべて２年以内に消滅させて，新しく計画的に新漁業権を免許しようとするものでした。このために必要な漁業法施行法（昭和24年法律第268号）を同時に公布施行して，旧漁業権者およびこれに関連する権利者に対し，補償金として，当時の金で総額178億円（当時の公共事業を含めた水産庁全体予算額が約16億円でした。）にものぼる金額の漁業権証券が交付されたのです。このような，平時であれば難しいような思い切った改革も，占領下という時代が背景にあってできたのです。このようにして，江戸時代から長い間慣行によって続いた権利関係も，すべて補償され，制度上は一応白紙に返ったうえで出発したのでした。

漁業法施行法（昭和24年法律第268号）

（現存漁業権の存続）

第１条　漁業法（昭和24年法律第267号。以下「新法」という。）施行の際現に存する漁業権（以下単に「漁業権」という。）及びこれについて現に存し又は新たに設定される入漁権については，同法施行後2年間は，同法の規定にかかわらず，漁業法（明治43年法律第58号。以下「旧法」という。）の規定は，なおその効力を有する。但し，新法第67条の規定及び同条に係わる罰則の適用を妨げない。

（漁業権者等に対する補償金の交付）

第9条　政府は，漁業権又はこれを目的とする入漁権，賃貸権若しくは使用賃貸による借主の権利（以下「漁業権等」という。）を第1条の規定による漁業権の消滅の時に有している者に対して，この法律の定めるところにより補償金を交付する。

昭和27年7月20日に水産庁から発行された，パンフレット「漁業制度改革のあらまし」の中で，次のようなイラストおよび説明が掲げられているので参考までに抜粋いたします。

「今の利用のしかたは，古い漁業法―現行漁業制度―のもとにつくられている，今の利用のしかたが生産力を停滞させ，漁村の封建性のもといをなしているのは，現行制度の欠陥から由来するのであります。そこでこの現行制度をそのままにしておいて漁場の総合利用をしようといってもそれはできない相談で，どうしても新しい漁業制度を定めなければならないのです。古い嚢には新しい酒は盛れません。

こういうわけで，古い漁業制度のもとにつくられた現在の漁場利用の秩序を全部御破算にした上で，新しい漁業制度を定め，それにしたがってはたらく漁民みなさんの自らの手で，どのようにしたら，もっとみんなのためになるかを考えて漁場を誰に，どのように利用させるかをきめていく，そこで漁業権を一旦全部消滅させる必要があるのです。」

現行の漁業法における漁業権の種類は，明治漁業法にあった特別漁業権および専用漁業権を廃止し，従来これに含まれていた浮魚は，漁業権の内容から外したうえで，その他の漁業権の内容を共同漁業権に移転したのです。

免許の方法については，明治漁業法では，漁業権は昔からの慣行の承継が行われる一方，新規免許については，先願主義によってその都度，個々の申請によって何時でも免許していました。しかし，現行法では，これを改め都道府県知事が，後に詳しく説明しますが，漁業調整委員会という行政委員会の意見を聞いて水面の総合利用を図るうえから，定置漁業権，区画漁業権は５年に１回，共同漁業権，一部の区画漁業権については10年に１回，一斉に新しく漁場計画を定めてこれを公示して，希望者の申請を受け付け，これらの申請人のうち資格

制度の変遷

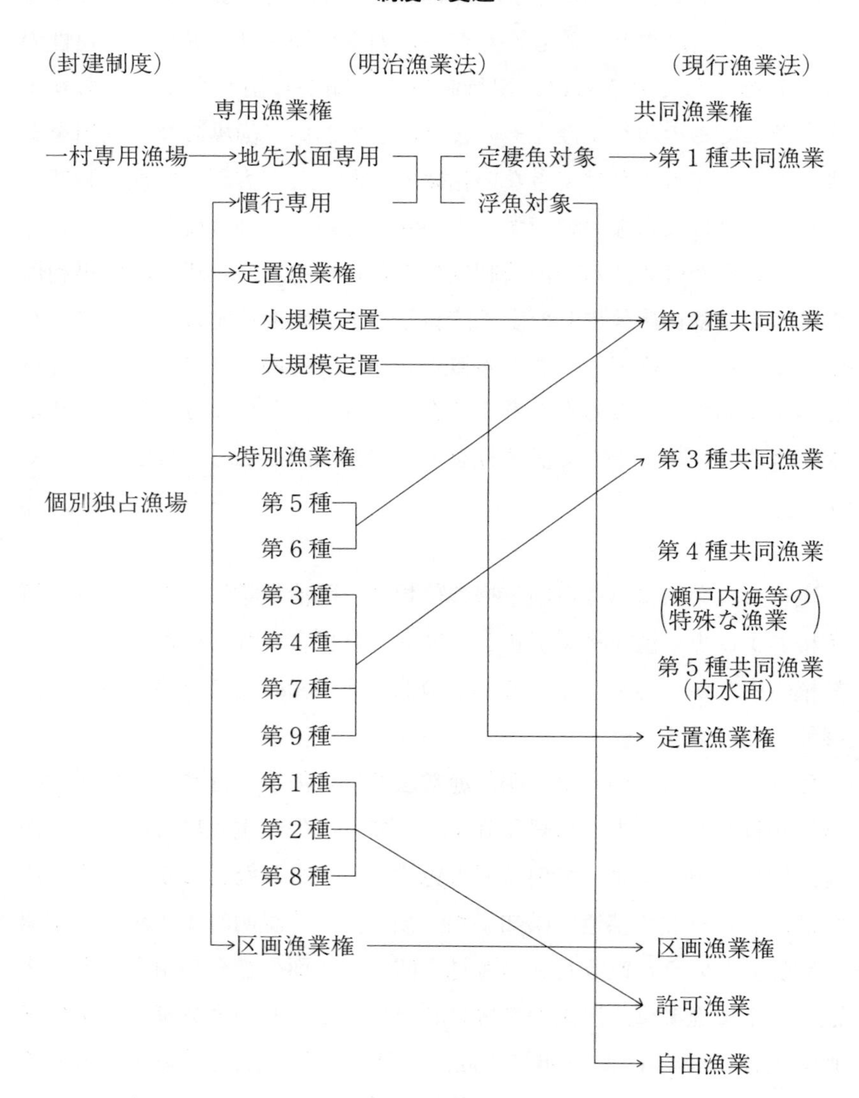

（封建制度）
（明治漁業法）
（現行漁業法）
専用漁業権
共同漁業権
一村専用漁場
地先水面専用
定棲魚対象
第１種共同漁業
慣行専用
浮魚対象
定置漁業権
小規模定置
第２種共同漁業
大規模定置
特別漁業権
第３種共同漁業
個別独占漁場
第５種
第６種
第４種共同漁業
第３種
（瀬戸内海等の特殊な漁業）
第４種
第７種
第５種共同漁業（内水面）
第９種
定置漁業権
第１種
第２種
第８種
区画漁業権
区画漁業権
許可漁業
自由漁業

要件に合った適格性のある者の中から，優先順位によってその第1順位に該当する者に免許するシステム，いわゆる漁場計画制度を新しく採用したのです。

漁業権の性格としては，これを物権とみなすとされていますが，私権としての性質は著しく制限されます。すなわち，明治漁業法においては，漁業権は賃貸することができましたが，現行漁業法では賃貸は一切禁止され，譲渡，担保権設定等も極めて制限されております。

漁業権の存続期間も，明治漁業法では20年間で，しかも申請によってその更新を自由に認めていたのが，現行法では5年または10年に短縮され，漁場計画制度によって，単なる更新は一切認めないことになったのです。

第2章　総　　則

(1)　用語の定義

漁業には，水産動植物を採捕する事業と養殖する事業の二つの種類がある

漁業法（第2条第1項）で，「漁業とは，水産動植物を採捕し，又は養殖する事業をいう。」と定義されています。水産動植物とは，「水界を生活環境とする生物の一切」をいい，それは，魚類，貝類，海藻類はもちろん，イカ，タコ等の軟体動物，エビ，カニ等の甲殻類，鯨等の海獣類等広い範囲にわたりますが，生物でない鉱物であるとか，海水から塩をとる製塩業等はもちろん漁業の範ちゅうではありません。

漁業には，これらの水産動植物を(ア)採捕する事業，(イ)養殖する事業の2種類があります。

(ア)の「採捕」というのを定義しますと「天然の状態にある無主物である水産動植物を人が所持する，あるいは，事実上人の支配する状態に移す行為」をいいます。海や河川における水産動植物は，天然の状態に生息しているいわゆる無主物です。民法（第239条）に「無主物先占」の規定がありますが，「無主の動産は所有の意思をもってこれを占有することによって，その所有権を取得する」のです。これを採捕といいます。たとえば，海や川に釣りに行って無主物である魚を針にかけた段階で，あるいは漁網によって魚を網の中に取り込んだ段階で，初めて所有権が発生するわけです。このような，水産動植物を採捕する行為を通称，漁ろうといっています。

ここで，法律上の問題はさておき，一言付け加えたいのは，次に説明する養殖や畜養中以外の天然の水産動植物は，法律上は無主物ではありますが，最近は，栽培漁業の対象として資源保護のために，漁業関係者はもちろん一部の遊漁船業者，遊漁者等によっても稚魚の放流等が盛んに行われており，このような点からも，みんなで資源を大切にしなければならないのであって，誰でも自由に取り放題でよいというものでないことはもちろんです。

特に，法律上においても，後で詳しく説明しますが，第1種共同漁業を内容とする共同漁業権は，藻類，貝類やイセエビ，シャコ，ウニ，ナマコ等の定着性の水産動植物を目的とする漁業がその対象となっています。これらの水産動植物を漁業権者の同意なしに勝手に採捕した場合には，法律上は窃盗罪の対象にはならないものの，漁業権を侵害する行為ですから，侵害罪として訴えられることがありますので十分注意する必要があります。また，内水面における第5種共同漁業を内容とする共同漁業権は，アユ，コイ，ワカサギ，ウグイ等の水産動植物を目的とする漁業がその対象となっておりますが，後に説明しますように，遊漁者が採捕する場合は，遊漁規則に基づいて遊漁料を払って採捕する必要があります。

次に，(イ)の「養殖」というのは，「収穫の目的をもって人工手段を加え，水産動植物の発生なり成育を積極的に増進し，その数又は個体の量を増やし，若しくは質を向上させる行為をいう。」と定義されています。たとえていうと，農家で米や野菜のように種をまいて肥料を与えて大きくして収穫する農業の場合と同じです。「収獲の目的をもって」といいますのは，たとえば，ハマチの養殖業の場合は，ハマチの稚魚を網生簀(いけす)の中に入れて，餌を与え管理しながら養殖するので，網の中の魚は無主物ではなく，初めから所有権のある魚を　網の中で増肉だとか質の向上といった行為を人為的にやって農業と同じように収獲するわけです。したがって，網の中にいるハマチを取れば漁業権侵害罪になるのはもちろん，窃盗罪にもなるわけです。この点は漁ろうと異なり，無主物の魚を採捕する行為ではありません。

ここで養殖によく似た言葉で，間違いやすいのに「増殖」と「畜養」というのがあります。増殖というのは，海や河川における天然の水産動植物を増やす行為で，たとえば稚魚を放流したり，稚魚の成育のために必要な魚礁を設置したりすることをいいます。畜養というのは，魚介類を市場に出荷する前に値段調整等のために一時的に，あるいは，漁ろうの餌にするために出港するまで一時的に生簀の中で生かしておくことをいい，いずれも養殖とは違います。

以上，先に述べた漁ろうと養殖を合わせ称して漁業といいます。「漁業を営む」というのは，これらの事業を，1回きりというのではなくて，営利の目的をもって反復継続して何遍も行うことをいいます。

漁業法（第2条第2項）で「漁業者とは，漁業を営む者をいう。」と，また「漁業従事者とは，漁業者のために水産動植物の採捕又は養殖に従事する者をいう。」と定義されています。すなわち，漁業者は，漁業の経営者であり，漁業従事者は，漁業者に雇用（家族労働を含む）されている者をいいます。また，漁民という言葉がありますが，漁業法（第14条第11項）で「漁民とは，漁業者又は漁業従事者たる個人をいう。」と定義されており，漁民には法人は含まれていません。

以上，漁業法等で定義されており，よく登場する言葉について説明しました。

(2)　法の適用範囲

海や河川等の公共の用に供する水面には，すべてに適用される

漁業法（第3条，第4条および第73条）では，次の三つの水面に漁業法が適用されることになっています。

①　公共の用に供する水面（全面適用）

②　公共の用に供する水面と連接一体をなす水面（全面適用）

③　①および②の水面に通ずる水面で命令で定められたもの（現在なし）

このうち，公共の用に供されている水面とは，その水面が一般の公共使用に供されている水面をいい，海，河川，湖沼等についてはもちろんその対象になりますが，たとえば溜（ため）池のような場合に，その水面の敷地の所有が私有に属していても，その水面が一般公共の使用に供されている場合には公共の用に供する水面で，法律の適用があります。もっと具体的に説明しますと，都道府県，市町村，水利組合等の公法人が所有または管理しているような溜池は，灌漑（かんがい）が主なる目的であっても漁業法上の公共用水面であると解し，公法人以外の者が灌漑を主目的として所有または管理する溜池は，公共用水面には該当しないものとされています。

さらに，適用範囲は公共の用に供する水面に加えて，①の水面と連接して一体をなす水面にも適用することになっています。連接して一体とは，たとえば，入江のような水面でその分界がないような水面をいい，このような特殊な状態にある水面は公共の用に供する水面と全く同様に取り扱われることになっています。

また，③の，①や②の水面に水路によって通ずるような水面についても，国で指定した場合には，漁業法（第65条）に基づく省令や都道府県規則の規定を適用することになっています。しかし，現在は，このような指定をされている水面はありません。

漁業法の適用範囲ですが，わが国の領海はご承知のとおり12海里になっておりますが，領海と公海というように分けてみましても，日本人に対しては公海であろうと領海であろうと属人的に適用されることになっています。

40数年前の話になりますが，例の北方領土の国後島に日本の船で，当時レポ船というのが，日本の漁業の許可を持たないで3海里の内で小型機船底びき網漁業をやりました。当時は領海3海里時代でしたが，国後島は旧ソ連が占領し，実質的に日本の権限が及ばないところでの漁業になるわけで，ここで北海道知事の許可を持たないで小型機船底びき網漁業をやった場合に，日本の法令の違反になるかどうかということが最高裁まで争われたことがあります。これは，結局，大洋上どこでも，たとえ外国の領海であっても，日本の法律は，日本人の行う漁業については属人的効力として適用されるということで，日本の法令によって罰せられるのです。

(3) 制度的漁業分類

なぜ，漁業には漁業権や許可等の制度を必要とするのか

漁業を制度的に分類すると，大きくは次の三つになります。

① 自由漁業……小規模な釣り漁業，延縄（はえなわ）漁業等

② 漁業権漁業…定置漁業，養殖漁業，共同漁業

③ 許可漁業……大臣許可漁業（指定漁業），知事許可漁業

漁業というのは，前に説明しましたように，養殖業を除けば，天然状態の無主物である動植物を早い者勝ちで採捕するわけですから，本来，誰がやってもよいというのが原則です。たとえば，現在の制度のもとで，タイやカレイ等を対象にした釣り漁業は誰でもできるわけです。このような漁業を自由漁業といっております。ところが，すべての漁業を自由にやらせてよいかというと，そうはいきません。多くの漁業は，いわゆる公益上の観点から自由に放置するわけにはいかないのです。そのような漁業が，その性質によって漁業権漁業であったり許可漁業であるということになるわけです。

漁業法の公益上の立場というのは二つあって，その一つは，資源上の理由です。魚介類等の水産資源は，「自律更新資源」といわれておりますが，鉱物資源とは異なり，みずからの再生産能力を持った生物資

源です。しかし，これらの再生産能力の限度を超えて採捕するとたちまち水産資源は減少してしまいます。漁具　漁法の発達した現在では，この傾向が非常に強いわけです。漁業は，水産資源の保護を図るうえから，公益上の観点から，自由に放置しておけないという重要な立場があります。

それから，もう一つは漁業調整という立場です。漁業は，海や河川でそこに生息している水産動植物を，大小さまざまの規模のもの，追っかけて捕るもの，待って捕るものなど，いろんな漁具・漁法によって捕ったり，あるいは一定の漁場を区画して養殖するわけですから，これらを自由に放置しておくと漁業紛争が起きて，収拾がつかなくなり，漁業という産業が全く成り立たなくなってしまいます。したがって，これらのいろんな漁業を調整し，その秩序を図らなければならないという，特殊な産業としての重要な立場があるのです。このような二つの公益的な観点から，特定の漁業に対しては，それぞれ規制をせざるを得ないわけです。

まず，漁業権漁業について説明します。たとえば，定置漁業（大型定置網漁業）というのがあります。この漁業は，網具を海の中に長期間敷設して，箱網や袋網等に入った魚介類を採捕する漁業ですが，網具を設置しようとする場所に他の人が先に来て漁業をやったり，あるいは，設置した定置網の網口で，他の漁業や遊漁をやられたら，この漁業は成り立たなくなってしまいます。ですから，定置漁業という特殊なものについては，海の中に最小限必要な特定の区域について，特定の期間，排他的に漁業を営む権利を与えなければ漁業ができないわけです。また，養殖業についてもそうです。たとえば，ハマチの養殖は海の中に網生簀（いけす）を設置して，そこにハマチの稚魚を入れて餌を毎日与えて大きくするわけですから，その区域に他人が自由に入っていろいろと漁業や遊漁などをやられたのでは養殖業は成り立たないわけです。したがって，そういうものにも特定の区域について特定の漁業を排他独占的に営む権利を与えてやらないと漁業が成り立たないのです。このような，漁業を営む権利を付与しなければできないような漁業が漁業権の対象となる漁業です。

ハマチ小割式養殖業

ところが，この漁業権漁業のほかに，許可漁業というのがあります。この許可漁業というのは，たとえば，海の中を返し網の付いた袋状の網具をひっぱって行う漁業でトロール漁業というのがあります。あるいは，底びき網漁業，船びき網漁業ともいいますが，これは，定置漁業や養殖漁業のような漁業権漁業と全く性格が違いまして，どこでも

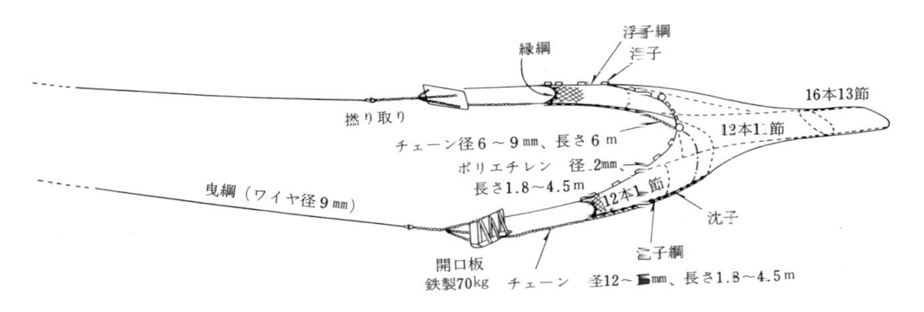

小型底びき網（板びき網）漁具図

魚のいるところで網をひっぱればいいので，これだけ広い海に漁業権のような独占排他的に営む権利を与えることもできないし，またその必要もないわけです。しかし，多くの人がやたらに網をひっぱってこのような漁獲能率のよい漁業をやれば，水産資源はたちまちなくなってしまうし，また，他の漁業とのトラブルが絶えないことになります。こんな能率漁業は，水産資源上も漁業調整上もほうっておいてはいけないというわけで，そういう漁業は禁止する必要があります。しかしながら，船の総トン数や馬力数，網の構造や大きさといったようなものを制限して，どこの海域なら大体何隻ぐらい認めても，資源上も漁業調整上も，そう問題は起きまいとなれば，その範囲で操業を許可します。このように，特定の者に特定の条件を付けて禁止を解除するというのが許可漁業です。したがって，法律上は，本来の自由が回復するものであって，行政庁から権利の付与を受けて，他の漁業を排他して，独占的に営む漁業権とは，その性格が異なっています。この許可に伴う営業権を通称，漁権とか漁業権とかいうことがありますが，これは漁業法上の言葉ではありません。

第2編　漁　業　権

沿岸の海域において，漁業制度上からみて，その中心になるのは漁業権制度です。漁業権は物権としてみなされていますが，すでに第1編において説明しましたように，明治漁業法と比べて現行法は，たとえば浮魚は海面においては漁業権から外されるなど，その範囲は相当狭くなりましたし，物権の内容も相当に制限されたものとなっております。また，漁業権と漁業許可とは，法律的な性格が違っているということについてもすでに説明したとおりです。本編では，現行法で規定されている漁業権制度とは，どんなものであるかについて説明します。

第1章　漁業権の種類

漁業権には，定置，区画，共同の3種類がある

漁業権には，定置漁業権，区画漁業権および共同漁業権の3種類があります。漁業権とは，行政庁の免許によって設定された一定の水面において排他的に一定の漁業を営むことのできる権利です。漁業法（第6条第2項）で「定置漁業権とは，定置漁業を営む権利をいい，区画漁業権とは，区画漁業（養殖業）を営む権利をいい，共同漁業権とは，共同漁業を営む権利をいう。」と規定されています。したがって，漁業権は漁業を営む権利ですから，営業としてやるのではない試験，研究，調査，教育等のために行う水産動植物の採捕や養殖は漁業権の対象とはなっていません。

⑴　定 置 漁 業

定置網漁業の中で，大型のものだけが対象になる

定置漁業とは，漁具を定置して営む漁業であって，一般には大型の定置網漁業（身網の設置される水深の一番深い部分が27メートル以上のもの）をいいます。

しかし，漁業法（第６条第３項）上は，地方の実体によって少し取り扱いが違っているものもありますので，念のため，これらの定義を分かりやすく表示してみますと次のようになります。

漁具を定置して営む漁業であって，㋐と㋑のものが対象になります。

㋐　身網の設置される場所の最深部が最高潮時において水深27メートル（沖縄県においては15メートル）以上のもの

ただし，次の二つのものは除かれ，水深の深いところの大型のものであっても，すべて定置漁業の対象とはなりません。

①　瀬戸内海におけるます網漁業

②　陸奥湾における落(おとし)網漁業およびます網漁業

㋑　北海道においてサケを主たる漁獲物とするもの

ここで注意していただきたいのは，「漁具を定置する」というのは，一漁期間，一定の場所に土俵，いかり，支柱等で網その他の漁具を敷設して移動させないようにして漁業を行うことをいいます。したがって，１日や２日程度，網を漁場に設置して漁業を行う刺網，敷網等は定置網の対象にはなりません。また，定置漁業は，主として回遊性の魚介類の捕獲を目的とした漁労方式のものであり，定置網の垣網等に沿って自然に魚介類が身網に陥入したものを漁獲するものであって，副漁具等を移動させることによって身網の中に魚介類を追い込んで漁獲するものは，すべて定置漁業の範ちゅうには入りません。

なお，定置漁業（大型定置網漁業）は，漁業法（第9条）によって漁業権に基づく以外には，一般には許可等によって営むことができないことになっており，したがって，行政庁の免許を受けないで定置漁業を営んだ場合には，罰せられます。

漁業権漁業には，免許の方法による分類として次に示すように「経営者免許漁業権」というのと「組合管理漁業権」という2種類があります。

○免許の方法による分類

㈠ 経営者免許漁業権

① 定置漁業権

② 区画漁業権（特定区画漁業権を除く。）

㈡ 組合管理漁業権

① 特定区画漁業権

② 共同漁業権

経営者免許漁業権とは，漁業権の内容となっている漁業を直接経営する者に対してのみ免許される漁業権をいいます。これらの漁業は，一般に相当の資本がかかり誰でもやれるという性質のものではなく，経営者を前もって特定する必要のある漁業です。一方，組合管理漁業権とは，漁業協同組合（またはその連合会）が免許を受け，組合で法律で定められた漁業権行使規則をつくって，これに基づいて漁業権を管理し，組合員にその行使を行わせることのできる漁業権をいいま

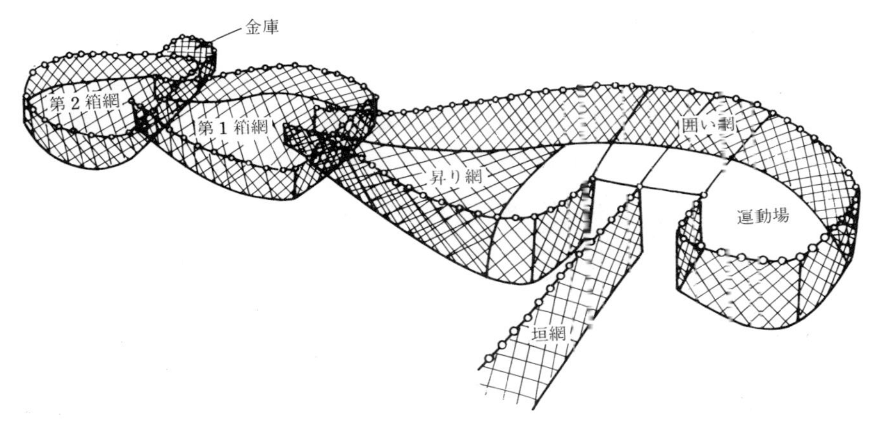

定置（二重落網）漁業の敷設図

す。これは，多くの沿岸漁業者で経営できるような比較的小規模のものがその対象となっています。定置漁業権は，典型的な前者の経営者免許漁業権で，直接に定置漁業を営む漁協，団体，会社，個人等に対して免許されるものです。

(2)　区 画 漁 業

水面を区画して行う漁業であるので，「養殖業」のことをそう呼んでいる

一定の区域の定まらない養殖ということは，前に説明しましたように，養殖の概念からして考えられません。明治漁業法以来，漁業権の場合には，特に養殖業の別名として区画漁業という言葉が使われています。

1　養殖方法による分類

区画漁業の漁業種類の分類にはいろいろありますが，漁業法（第6

条第4項）では，養殖の方法によって次のように3種類に分類されています。

(ア)　第1種区画漁業（一定の区域内において，石，かわら，竹，木等を敷設して営む養殖業）

①　ひび建養殖業（竹ひび，木ひび，網ひび）

ノリひび建養殖業，カキひび建養殖業，真珠母貝養殖業（簡易垂下式）

②　カキ養殖業（垂下式）

③　真珠養殖業（垂下式）

④　真珠母貝養殖業（垂下式）

⑤　藻類養殖業（浮流し式）

ノリ養殖業，ワカメ養殖業，コンブ養殖業等

ノリひび建養殖業

⑥　小割式養殖業

ハマチ養殖業，タイ養殖業，ヒラメ養殖業等

(イ)　第２種区画漁業（土，石，竹，木等によって囲まれた一定の区域内において営む養殖業）

①　築堤式養殖業，網仕切り式（パイル式）養殖業

②　溜池養殖業

(ウ)　第３種区画漁業（一定の区域内において営む養殖業であって，①および②以外のもの）

地まき式貝養殖業

2　免許方法による分類

前述したように，免許の方法によって経営者免許漁業権と組合管理漁業権の２種類がありますが，区画漁業権にはその両方があります。

(ア)　経営者免許漁業権

特定区画漁業権以外の区画漁業権（真珠養殖業，第２種区画養殖業＝築堤式養殖業，パイル式養殖業，溜池養殖業等）。ただし，特定区画漁業権であっても，組合管理漁業権としての申請がない場合には，経営者に直接免許されます。

(イ)　組合管理漁業権

特定区画漁業権（ひび建養殖業，藻類養殖業，垂下式養殖業（カキ，真珠母貝，ホタテガイ等），小割式養殖業，地まき式貝類養殖業）

なお，区画漁業（養殖漁業）は，前述の定置漁業と同様に，漁業法（第９条）によって，漁業権に基づかなければ営むことができないことになっており，したがって，行政庁の免許を受けないで養殖業を営んだ場合には罰せられます。

(3)　共 同 漁 業

一定の水面を漁業協同組合で，共同に利用して営むような小規模な漁業のことをいう

共同漁業の本質は，一定の漁場を共同に利用して営むということです。共同に利用してというのは，その地区の漁民の入会漁場であるという性格が強く，一般的には漁業協同組合または漁業協同組合連合会が漁業権を有しており，組合でつくった漁業権行使規則に基づいて組合員がその漁場で入り会って漁業を行うものです。

共同漁業の種類はいろいろありますが，一般には沿岸において，組合員の誰でもできるような，また，大きくは移動しないような小規模の漁業に限られております。これらについて漁業法（第6条第5項）で規定されている漁業種類を，分類して表示すると次のとおりです。

(ア)　第1種共同漁業（藻類，貝類または農林水産大臣の指定する定着性の水産動物を目的とする漁業）

①　藻類を目的とする漁業（ワカメ漁業，テングサ漁業，コンブ漁業，フノリ漁業等）

②　貝類を目的とする漁業（サザエ漁業，アワビ漁業，アサリ漁業，ハマグリ漁業，アカガイ漁業，モガイ漁業等）

③　農林水産大臣の指定する定着性の水産動物を目的とする漁業（イセエビ，シャコ，ホヤ，ウニ，ナマコ，タコ，ホッカイエビ，シラエビ，餌ムシ，シオムシ等）

(イ)　第2種共同漁業（網漁具を移動しないように敷設して営む漁業であって定置漁業，第5種共同漁業以外のもの）

① 小型定置網漁業（ます網，つぼ網，落網，えり漁業等）

② 固定式刺網漁業（底刺網，建網，いかり止網漁業等）

③ 敷網漁業（4そう張網，八田網等）

④ 袋待網漁業（コウナゴ込瀬網，イカナゴ袋待網等）

(ウ) 第3種共同漁業（地びき網漁業，地こぎ網漁業，船びき網漁業（無動力船を使用するものに限る），飼付漁業またはつきいそ漁業であって第5種共同漁業以外のもの）

① 地びき網漁業

② 地こぎ網漁業

③ 無動力船による船びき網漁業

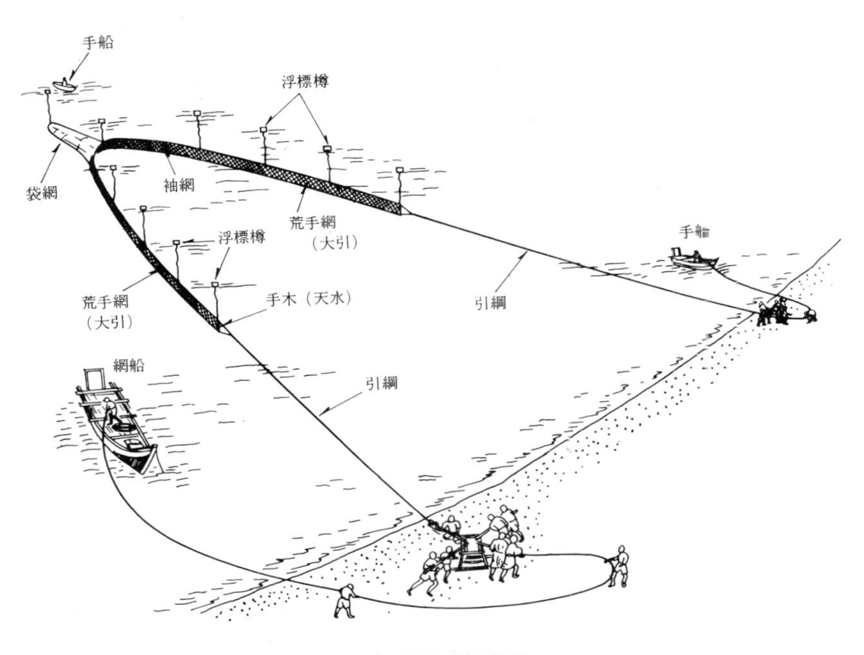

地びき網漁業操業図

寄魚漁業操業図

(冬期ボラが一定の場所に集まり，移動しない性質を利用する漁法。囲刺網等で漁獲する和歌山県・三重県で行われる古くからの漁法)

④　飼付漁業

⑤　つきいそ漁業

(エ)　第4種共同漁業（寄魚漁業，鳥付こぎ釣り漁業であって，第5種共同漁業以外のもの）

①　寄魚漁業

②　鳥付こぎ釣り漁業

(オ)　第5種共同漁業（内水面において営む漁業であって第1種共同漁業以外のもの）

アユ漁業，コイ漁業，ワカサギ漁業等

以上のような種類の共同漁業を内容とする共同漁業権は，漁業協同組合が管理して共同で行う典型的な組合管理漁業権で，もともと経営者に直接免許される定置漁業権，区画漁業権とはその本質を異にしているものです。共同漁業権が排他的効力を有している漁業権とされている理由は，定置，区画の個別的漁業権が第三者の侵害を排除しなければ技術的に成立し得ないような漁業形態であるのに反して，漁法からいえば特にその必要性はなくても，関係漁民に漁場を管理させるためには，その漁民の集合体である組合に，それに必要な権限を付与してやることが適切ですので，漁業権としたものです。漁民団体による漁場管理という性格は，共同漁業権にだけ固有のものではなく，前述しましたように，特定区画漁業権についてもみられるものですが，共同漁業権においては，そのことが本質的なものであるのに対し，特定区画漁業権においては必ずしもその本質をなすものではありません。したがって，共同漁業権は，組合に管理漁業権としてしか免許されないのに対して，特定区画漁業権は，組合に管理漁業権として優先的に免許されますが，経営者にも直接免許されることになっています。このように，共同漁業権は，漁民団体による漁場管理が不可欠であるために権利とされているものであって，共同漁業権の定義には「一定の水面を共同に利用して営むもの」と特に規定されているのです。したがって，その種類は，共同漁業権の設けられた目的，趣旨から当然組合でなければ管理しがたい漁業に限られています。第１種は，浮魚を除いた藻類，貝類，その他定着性の水産動物の種類を指定した漁業であり，第２種から第４種は漁法が指定された漁業ですが，大体地先で待ち構えてとる漁業で，いわゆる浮魚を求めて自由に移動して運用漁具を用いて採捕する漁業は，その対象となっていないのです。

ここで，共同漁業権に対する漁業権侵害の関係について少しふれておきますと，まず，第１種共同漁業を内容とする共同漁業権は，その内容となっている定着性の水産動植物については，たとえばアワビ，サザエ，イセエビ，ウニ等を漁業権者である組合に無断で採捕すれば，漁業権侵害になるので注意が必要ですが，浮魚については，たとえば，タイ，カレイ，ハマチ等の魚類を釣り等によって捕っても，特に共同漁業の操業の妨害をしない限り漁業権侵害にはなりません。

また，第5種共同漁業を内容とする共同漁業権は，河川，湖沼等の内水面に適用される漁業権であって，海面とは変わった取り扱いがされており，後ほど詳しく説明いたしますが，この漁業権はコイ漁業，アユ漁業等のように魚種が指定されていますので，一般の釣り人は遊漁規則に基づいて遊漁料を払って捕る必要がありますが，その内容となっていない魚種であれば，たとえばナマズ等を釣り人が捕っても，遊漁料を払う必要もないし，漁業権侵害にならないことはもちろんです。

第2章　漁業権の設定

法定された手順によってのみ設定される。利害関係人は公聴会において，意見を十分述べておくことが大切である

第1編ですでに説明しましたように，現行の漁業法は，明治漁業法で実施されていた先願主義と更新制度を廃止して，新しい漁場制度が採用されました。すなわち，漁業権の設定については，従来のような個別申請を認めず，漁業権の種類によって5年または10年ごとに，漁場の利用方式について十分な調査研究と技術検討を加えたうえで，漁業の総合利用を図り，漁業生産力を維持発展させるための見地から，あらかじめ漁場の利用計画を定め，それにしたがって漁業権の免許を申請させ，申請者の適格性を審査し，優先順位にしたがって免許することとし，漁場計画と違った個別的な内容の申請は認められないのです。

漁業権の設定，取得について，漁業法で定められている手続き上の順序について分かりやすく表示してみますと次のとおりです。

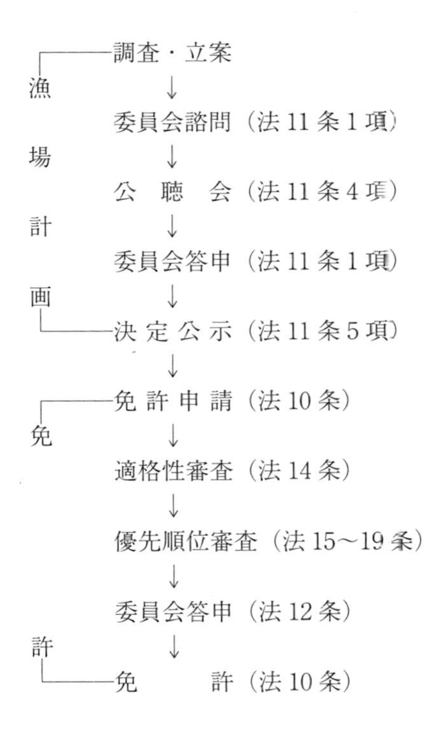

(1)　漁 場 計 画

漁業権を免許するときには，その都度，民意を十分尊重した漁場計画を立てて，それに基づいて行うことになっている

漁場計画とは，水面全体の総合的利用の見地から漁業生産力を維持発展させるために，いかに漁場を利用すべきかという計画のことです。漁場計画は，漁業権制度の基盤であると同時にその出発点ともなっており，その樹立いかんによっては，沿岸漁民の生活権をおびやかすことにもなりかねません。また一方，漁場計画が広い意味での公益に支障を及ぼすようなものであってはならないことはもちろんです。したがって漁場計画の樹立にあたっては，いろんな面に十分記慮して樹立する必要があります。

1　漁場計画を樹立する場合

漁場の総合利用を図る必要があり，かつ，公益上に支障を及ぼさないことの二つの場合をいう

漁業法（第11条第1項）によって，都道府県知事はその管轄する水面について

①　漁業上の総合利用を図り，漁業生産力を維持発展させるためには，漁業権の内容たる漁業の免許をする必要があること

②　当該漁業の免許をしても漁業調整その他公益に支障を及ぼさないこと

の二つの要件を満たしているときは，必ず漁場計画を樹立しなければならないとされており，このときは漁場計画の樹立が義務づけられています。

漁場計画の樹立の時期は，漁業法（第11条の２）によって次のように定められています。

① 現に漁業権の存する水面について，当該漁業権の存続期間の満了に伴う場合にあっては当該存続期間の満了日の３か月前までに

② その他の場合にあっては免許予定日の３か月前までに

漁場計画を樹立しなければなりません。

①は，期間的に，既存の漁業権と次に免許される漁業権との間に，いわゆる切れ目（時間的空白）が生じないように漁業権の免許をする趣旨であります。②は，現に漁業権のまったく存しない水面について，新しく漁業権を免許するために漁場計画を樹立する場合などであります。

2　公益に支障を及ぼすものとは

公益とは不特定で，かつ，多数のものに及ぼす利益（港や航路の建設等）のことをいう

漁業権が海面や河川において公益に支障を及ぼしているというようなことを，ときどき耳にすることがありますが，このことは，漁業法について十分認識されていないか，公益について間違った解釈をされているためではないかと思います。漁業法上は，公益について二重のチェックがされるようになっています。まず，第１に，前述したように漁業権の免許をするにあたって，漁場計画は漁業法（第11条第１項）の規定によって，公益に支障を及ぼす場合には樹立できないことになっています。先に漁場計画の手続き上の順序において記載しましたように，都道府県知事は漁場計画を立案したら，海区漁業調整委員会に諮問し，委員会は公聴会を開催して利害関係人の意見をきかなけ

ればならないように，法律によって定められています。これらの方々は，権利として定められている公聴会に出席して，そのことについて意見を述べられたのでしょうか。第2に，漁業権が免許された後においても，都道府県知事が公益上必要があると認めるときは，漁業法（第39条第1項）の規定によって，漁業権を変更し，取り消し，または行使の停止を命ずることができるように定められているのです。

次に，公益の解釈ですが，公益とは不特定，多数の者に及ぼす利益をいいます。具体的にいうと，船舶の航行，停泊，係留，水底電線の敷設，さらには，土地収用法，土地収用に関する特別法により土地を収用し，または使用することのできる事業（たとえば，港湾施設，漁港施設，海岸保全施設，航路標識の設置等）の用に供する場合は，ここでいう公益に該当しますが，地域開発による単なる工場誘致のための埋立て等の土地収用法の対象とならない事業等に供する場合，その他特定の産業のためのものは，ここでいう公益には該当しません。

3 他産業や遊漁等との調整

漁業法には特に規定されていないが，公有水面の関係法（港湾法，河川法，公有水面埋立法等）を遵守し，産業間や遊漁等との調整を図らなければならないことは当然である

漁場計画を樹立する場合に，特定の産業等の間で問題のある場合には，話し合って調整を図る必要があると思います。水産庁長官から都道府県知事あてに出された通知（平成4年8月7日4水振第1761号，平成14年8月6日14水管第174号「漁場計画の樹立について」）の中に次のようなことが記載されているので抜粋します。

㈠ 海洋性レクリエーション等との調整

漁業以外の面では，余暇の増大に伴い遊漁等海洋性レクリエーションへの要望が高まっており，水産資源の利用及び海面の利用の面で，漁業との調整問題が発生するとともに，都市部等において，漁業に対する厳しい意見が見られるようになってきている。このような中で，漁業関係者以外の人々の理解を得られるようにするためにも，漁場の適正な管理を進め，また漁業関係者以外の人々との共存を図っていくことが重要である。

(イ)　他法令との関係

①　港湾法及び港則法関係

漁場区域の全部又は一部が，港湾法第２条第３項の港湾区域内にあるときは，当該区域を管理する港湾管理者の長に，港則法の港の区域内その他船舶交通のふくそうする水域内にあるときは当該区域を管轄する海上保安監部長又は海上保安部長（特定港にあっては港長）に，漁場計画の樹立に際し，あらかじめ協議して調整を図られたい。

また，港湾法第12条第５項の規定により工事された水域施設内又は船舶交通のふくそうする水域内においては，漁具を固定してする漁業は原則として免許しないこととされたい。

②　河川法及び海岸法関係

河川又は海岸保全区域における漁場計画の樹立に際しては，漁場の区域等免許の内容及び免許に当たり漁業権に付される制限又は条件について，あらかじめ河川法による河川管理者又は海岸法による海岸管理者（直轄事業区域にあっては当該河川又は海岸の管理者及び地方整備局長又は北海道開発局長）との間で調整を図るようにされたい。

③　公有水面埋立法関係

漁場区域の全部又は一部が，公有水面埋立法による埋立て免許のされている水域内にあるときは，埋立免許権者の同意を得た上で免許をするようにされたい。

4　漁場計画で決定すべき事項

免許の内容のほか，免許予定日，申請期間，地元地区（関係地区）を決定する

漁場計画で決定すべき事項としては，漁業法（第11条第1項）で漁業種類，漁場の位置および区域，漁業の時期その他免許の内容たるべき事項，免許予定日，申請期間，地元地区または関係地区があげられています。

(ア)　漁業種類

漁業種類とは，一般には，漁業法（第6条）で規定されているような，たとえば定置漁業，第1種区画漁業，第5種共同漁業等のことをいいますが，ここではさらにその内容となるような，たとえばブリ定置漁業，ハマチ小割式養殖業というような漁業の名称も定めなければなりません。

(イ)　漁場の位置

漁場の位置は，漁場の大体の位置が漁場図を見なくても推量できるようにすることが，これを決める趣旨であり，「○○県○○市○○町地先」のような表現でされます。

(ウ)　漁場の区域

漁業権は物権とみなされており，その漁場の区域は明確でなければなりません。したがって，海面においては基点を定め，これより方位および距離によって沖合の点を定め，これらの点を結び合わせることによって，内水面においては河川の下流部および上流部に基点または基線を定めることによって，漁場の位置および区域を確定しています。

(エ)　漁業時期

漁業時期は原則として実態に基づき，その漁業が行われる時期を勘案して定めるべきです。しかし，共同漁業のうち第１種共同漁業のように定着性の水産動植物を対象とするものについては，資源の保護培養の点を合わせて検討する必要があり，周年とされている例が多い場合もあります。区画漁業，定置漁業のように漁場を独占するような漁業については，厳密に営む期間のみに限定する必要があります。

(オ)　免許予定日

免許予定日とは，漁業権を免許すべき予定日のことをいいます。現に漁業権のある水面についての当該漁業権の存続期間の満了に伴う場合には，その満了日の翌日とすべきであり，また，その他の場合には水面の総合利用，漁業生産力の維持発展を図る見地から決定されます。

(カ)　申請期間

免許についての申請期間を定める場合の特別の規定はありませんが，免許の申請をしようとする者が免許申請に必要な手続きを十分完了できるような配慮と，一方，免許予定日から逆算して申請期間締切り後，知事が免許について海区漁業調整委員会へ諮問したり，競願者がある場合はそれらの者について審査する期間を考慮して定められます。

(キ)　地元（関係）地区

漁場計画の樹立にあたって，定置漁業および区画漁業については「地元地区」を，共同漁業については「関係地区」を定めることになっています。

「地元地区」については，「自然的および社会的条件により当該漁業が属すると認められる地区をいう。」と定義されています。この場合の「自然的条件」とは，地理的条件ということであり，地元地区を定めるときには，まずその漁場からの地理的観点からの判断が必要です。また，「社会的条件」というのは，その漁業に対する生活の依存度ということであり，その過去および将来を含めての当該漁業に対する生活の依存度という観点から判断されます。「属すると認められる地区」とは，こういった自然的および社会的条件から判断して，そこの漁民にその漁場の管理をまかせ，その漁業をやらせるべき地区のことをいいます。

関係地区の定義は，法文上特別の定めはありませんが，地元地区と同様な趣旨のものです。しいて言えば，共同漁業の漁場が入会漁場であるという関係から，関係地区は単に漁場に最も近いという自然的条件よりも，当該漁業に関する社会的条件をより十分考慮して定めるべきであって，両者は基本的考え方については同様ですが，定置漁業，区画漁業と共同漁業との間では，自然条件と社会経済的条件との勘案のしかたに若干のニュアンスの違いがあるので，その名称まであえて一本として規定されていないのです。

(2)　漁業権の免許

申請者の中から適格性・優先順位を審査して免許される

漁業権はすべて行政庁の免許という行政行為によって設定される権利であり，漁業権の設定は行政庁の免許による以外は発生しないのです。一般的にいって，免許とは，特定人に対して権利を付与することを内容とする行政行為であって，申請を前提要件としてこれに対してなされるものです。この権利を付与する点において，単なる禁止を解除して本来の自由を回復することを内容とする許可とは異なるものです。

漁業権の設定を受けようとする場合は，漁業法（第10条）に基づいて知事に申請することになっています。漁業権について免許の申請が知事に提出されると，海区漁業調整委員会の意見をきいて申請者について免許に関する適格性が検討され，さらに適格性のある者が複数ある場合には，優先順位が勘案され，その結果最優先順位に該当する者に漁業権が免許されます。

1　適　格　性

免許を受け得る最小限度の資格要件をいう

適格性とは，免許を受け得る最小限度の資格要件であり，申請者が適格性を有する者でない場合は，都道府県知事は漁業を免許してはならないことになっています。

適格性は，経営者免許漁業権のものと，組合管理漁業権のものとは異なって定められています。

㈠　経営者免許漁業権

「経営者免許漁業権」とは，前述したように，当該漁業権の内容となっている漁業を直接経営する者に対して免許される漁業権をいいます。その対象となるものは，定置漁業権および区画漁業権（組合管理として免許した特定区画漁業権を除く。）です。

これらの漁業権は，漁業法（第14条第1項）によって，次の4項目

の一つでも該当する者は不適格です。すなわち，

a　漁業に関する法令を遵守する精神を著しく欠く者

b　労働に関する法令を遵守する精神を著しく欠く者

c　漁村の民主化を阻害すると認められる者

d　表面上免許申請した者は適格性があるようにみえても，不適格者が実質上経営を支配していて実体的には不適格である場合

です。

(イ)　組合管理漁業権

「組合管理漁業権」とは，前述したように，漁業協同組合（または連合会）が漁業権の免許を受け，漁業権行使規則を制定してこれに基づいて漁業権を管理し，組合員がその行使を行う漁業権をいいます。これらは，共同漁業権および特定区画漁業権（ひび建養殖業，真珠母貝養殖業，小割り式養殖業，カキ養殖業もしくは第3種区画漁業である地まき式貝類養殖業）がその対象となっています。これらについても次のように異なった取り扱いになっています。

①　特定区画漁業権

漁業協同組合（または連合会）が，区画漁業を自営しない場合における（自営する場合には前述したように経営者免許漁業権の適格性が適用される）適格性の要件は，従来当該漁業を内容とする区画漁業権のあった既存漁場において免許される場合と，まったく新しくその漁場に当該漁業を内容とする区画漁業権が新しく免許される場合とではその取り扱いが異なります。

○既存漁場の場合

次の要件を備えている漁業協同組合（または連合会）に適格性があります。

a　地元地区の全部または一部をその地区内に含むこと。

b　業種別漁業協同組合（または連合会）でないこと。

c　地元地区内に住所を有し当該漁業を営む者の３分の２以上（世帯単位）を組合員に含むこと。

この場合の適格性は，従来からその漁場に依存していた当該漁業の関係漁民の大半を網羅しているような組合に，その漁業権を管理させようという趣旨です。

○新規漁場の場合

この場合の「新規漁場」とは，漁場の区域の全部が当該告示の日以前１年間に当該区画漁業を内容とする特定区画漁業権のなかった水面をいいます。しかし，漁場計画を立てる場合，当該特定区画漁業権に係る漁場区域内に，一部でも当該漁業の既存漁場が含まれているときは，全体として新規漁場扱いとはならず，既存漁場の扱いとなります。

a　地元地区の全部または一部をその地区内に含むこと。

b　業種別漁業協同組合（または連合会）でないこと。

c　地元地区に住所を有し，１年に90日以上沿岸漁業を営む者（河川以外の内水面の場合には，１年に30日以上漁業を営む者，また河川の場合には１年に30日以上水産動植物を採捕または養殖する者）の３分の２以上（世帯単位）を組合員に含むこと。

aとbについては，前述した既存漁場の場合と同様ですが，cについては，免許される漁場が新たに当該養殖業が開発される漁場であり，広く沿岸漁業者が利用していた漁場であるので，当該養殖業者だけでなく，これらの沿岸漁業者の大多数を組合員とする組合に漁業権を免許するのが適切であるからです。

②　共同漁業権

共同漁業権の免許について適格性を有する者は，次の要件を満たす漁業協同組合（または連合会）です。

a　関係地区の全部または一部をその地区に含むこと。

b　業種別漁業協同組合（または連合会）でないこと。

c　関係地区内に住所を有し，１年に90日以上沿岸漁業を営む者（河川以外の内水面の場合には，１年に30日以上漁業を営む者，また河川の場合には１年に30日以上水産動植物を採捕または養殖する者）の３分の２以上（世帯数）を組合員に含むこと。

cの沿岸漁業者を対象としてその比率を求めているのは，既存漁場の場合の特定区画漁業権の適格性を判定する場合に当該漁業を営む者を対象とするのと異なっている点ですが，この趣旨は，共同漁業権というものが，沿岸漁民全体が共同に利用するという性格を持っていることに由来しています。

なお，共同漁業権の免許に関する適格性を有する者については，その内容から競争者はなく，実質的に漁業権者に絞られるので，共同漁業権については優先順位の規定はありません。

2　優先順位

資格審査（適格性）をパスした者の中から免許を受ける順番のことをいう

優先順位とは，前述した適格性，すなわち資格審査をパスした者の中で，さらに免許を受けることのできる順番をいいます。

優先順位は漁業権の種類によってそれぞれ違います。

(ア)　定置漁業権

漁業法（第16条）によって定められている優先順位を分かりやすく

要約すると次のようになります。

第１順位　漁業協同組合自営（これと実体が同じ漁民会社等を含む。）

第２順位　生産組合（これと実体が同じ漁民会社等を含む。）

第３順位　個人，株式会社等

これらの相互間では，さらに次の要件によって順位をつけます。

a　今まで漁業にたずさわっていた者であること。

b　その申請に係わる漁業に経営者または従事者として経験があるかどうか。

c　その海区で経験があるかどうか。

それでも同順位のある場合は，６つの勘案項目を掲げ，それで総合判断をして最終的に定めます。

この順位の根本は，地元漁民による団体経営を個別経営より優先していることです。沿岸漁場は，その利用は地元漁民の意思によって決めなければならず，その漁利は漁民全体に等しく帰属するように考えられなければなりません。しかし漁場は限定されているので，おのずからやれる数は定まっています。したがって，それを特定の経営者に独占させないで，一応漁民が希望すればやれる程度の規模の漁業なら極力やれる機会を公平にし（入会漁業），単独ではやれない漁業は団体経営をして関係漁民みんなが経営に参加し，利潤の公平な分配を受けるようにしようとしたものです。

⑷　区画漁業権（真珠養殖業および特定区画漁業権の内容たる区画漁業を除く）

経営者免許漁業権の中で真珠養殖業および特定区画漁業権を内容とする区画漁業権以外の区画漁業権ですが，実際にはこれに該当するものは，主として第2種区画漁業すなわち，築堤式養殖業あるいはパイル式養殖業など大規模な養殖業を内容とする区画漁業権です。

この優先順位には漁民団体優先の順位はなく，経験が優先されており，これらを表示するとそれぞれ次のように①②③の順序で優先されます。

a　①漁業者または漁業従事者　②その他の者

b　①個人　②法人

c　①地元地区内に住所がある者　②地元地区内に住所がない者

d　①同種の漁業の経験者　②他の沿岸漁業の経験者　③その他の者

e　dの経験者はそれぞれ，①その海区での経験者　②他の海区の経験者

(ウ)　真珠養殖業を内容とする区画漁業権

真珠養殖業の場合は，既存漁場と新規漁場とでは多少取り扱いが異なっております。

○既存漁場の場合

既存漁場における真珠養殖業を内容とする区画漁業権の免許の優先順位には，漁民団体優先の規定はなく，真珠養殖業は特殊な商品を生産する漁業であるので，特に経験を重視する優先順位の規定になっています。表示すると次のようにそれぞれ①②の順序で優先されます。

a　①漁業者または漁業従事者　②その他の者

b　①真珠養殖業の経験者　②無経験者

c　bの②の無経験者について，①地元に住所を有する者　②地元に住所がない者

なお，地元に住所を有するかどうかということは，無経験者につい

てのみ問題にしており，経験者であればどこに住所があろうとかまわないのです。

○新規漁場の場合

新規漁場の場合（その漁場の区域の全部が関係の漁場計画公示の日以前１年間に真珠養殖業を内容とする区画漁業権が存しなかった水面）の免許については，漁業協同組合自営（これと実体が同じような漁民会社等），生産組合（これと同じような漁民会社等）等で，その構成員または社員に真珠養殖業に経験のある者がいる場合は，前述の既存漁場の場合のｂの①と同列におかれ，第１順位と見なされます。

これは，新規漁場の場合，特に他の漁業との協調その他当該水面の総合的利用に関する配慮が必要とされること等の事情を考慮し，他方，経営能力等を勘案して経営者に免許するという真珠養殖業の免許の建前を崩さない範囲内で，一定の要件を備える協同組合等に限り，優先させようというものです。

㈤　特定区画漁業権

特定区画漁業権を内容とする区画漁業の免許の優先順位は，管理漁業権としての適格性を有する漁業協同組合（または連合会）が申請する場合が最優先ですが，これらの者が申請しなかった場合には，当該漁業をみずから営もうとする経営者には直接免許されます。この場合の優先順位は次のとおりです。

第１順位　漁業協同組合自営（これと実体を同じくする漁民会社を含む。）

第２順位　生産組合（これと実体を同じくする漁民会社を含む。）

第３順位　前述㈠の区画漁業（真珠養殖業および特定区画漁業権を内容とするものを除く。）の優先順位による。

3　免許をしない場合

適格性がない場合，漁場計画と異なる場合，同種の漁業が集中する場合，漁場の敷地や水面の所有者または占有者の同意がない場合である

漁業法（第13条）で，漁業権の免許をしない場合について，次の4項目がまとめて規定されています。

㈠　適格性がない場合

適格性については，前述したとおり免許を受ける最低の要件であるので，これに欠ける者が免許を受けられないのは説明するまでもなく当然のことです。

㈡　漁場計画と異なる申請をした場合

前述したとおり，現行制度においては水面の総合利用，生産力の維持発展のための漁場計画制度が取り入れられたことがその特徴であり，漁場計画は海区漁業調整委員会や関係漁民等の意見をきいて知事が最適であるとして定めたものですから，これと異なる免許がされないのは当然です。

㈢　同種の漁業を内容とする漁業権の不当な集中になる場合

水面は広いとはいえ，漁業の適地は限定されており，漁場計画を無限に樹立できるわけではありません。したがって特定の者に対して不当に漁業権をたくさん集中させることは，従前からそこの漁場を生業の場としてきた多数の漁民の生産権を奪うここら予想され，漁利の平等ということからも妥当ではありません。そこでこういう場合には，できるだけ多くの人に免許を与えようという趣旨です。

㈣　漁場の敷地または水面が他人の所有または占有状態にあって，その所有者または占有者の同意がないときこの規定は，敷地の所有者または水面の占有者の権原に基づく水面の私的な支配権者との間の利害を調整する規定です。

漁場の敷地が他人の所有に属するという場合は非常に少ないケースです。春分および秋分の満潮時において海面下に没する土地については，「第３章　漁業権の性質」のところで説明しますように，私人の所有権は一般には認められません。また，河川法の適用される河川の敷地についても，海面同様私人の所有権は認められないのです。

漁場の敷地が他人の所有に属すると考えられる例としては，灌漑用の溜池で敷地が水利組合有であるとか，土地の買収をして発電用にダムを造成した人造湖の場合等が考えられます。

次に「水面の占有」とは，第三者に対して対抗できる権原に基づく水面の支配をいうものです。水面が他人の占有にかかる場合の代表的事例としては，公有水面使用の許可を受けて水面を使用している場合，たとえば，港湾法（第37条港湾区域内の工事等の許可），河川法（第17条工作物の新築等の許可）による許可を受けている場合や公有水面埋立法（第２条）による埋立免許を受けている場合等がこれに該当します。

第３章　漁業権の性質

行政庁によって漁業を営む権利を付与したものである

(1)　漁業を営む権利

漁業権は，水面の支配権や所有権ではない

漁業権には，前述したように定置漁業権，区画漁業権，共同漁業権の３種類があります。漁業権とは，それぞれの漁業の免許の内容（漁場の位置，区域，漁業種類，漁業時期等）の範囲内において排他独占的に営む権利をいいます。漁業を行うために水面を利用するのは，農業のように農地を利用するのとは異なり，同一の水面を，特殊の漁業を除けば，立体的に重畳的に利用するものであって，一つの水面に一つの漁業だけが存在するものではありません。一般には漁業権も重複して免許されているのです。

漁業権は後で説明しますように物権とみなされていますが，土地の場合とは異なり，特定の漁業を営む権利，いいかえれば，水産動植物を採捕または養殖する事業を行う権利であって，水面を支配あるいは占有する権利ではありません（昭和９年４月７日大審院判決「漁業関係判例総覧 39 頁」，昭和 28 年７月 15 日 28 水第 5835 号水産庁長官連知「漁業の免許と水面使用関係法令について」）。また，水面の所有権でないことももちろんです。そもそも海面や河川のような公有水面は，所有権の対象とはならないものです。

「漁業権者に補償して海を買った。」と，あたかも漁業権は土地のような所有権があるかのごとき話を聞くことがあります。このような誤った考えに対し，明確な回答をしたのが，昭和 61 年の愛知県田原湾干潟訴訟の「海はいわゆる公共用物であって，国の直接の公法的支配管理に服し，特定人による排他的支配の許されないものであるから，そのままの状態においては，所有権の対象となる土地には当たらない。」という判例（昭和 61 年 12 月 16 日最高裁判決「漁業関係判例総覧・続巻 82 頁」）です。

(2)　免許の内容

漁業権は，特定の漁場区域，漁業種類，漁業時期等の免許の内容の範囲内において認められた権利である

漁業権は，漁場の位置，区域，漁業種類，漁業時期等の免許の内容を定めて免許されるものです。したがって，漁業権は一切の水面にわたり，一切の種類の水産動物を一切の手段方法により，１年中にわたって採捕および養殖できるというようなオールマイティな権利ではなくて，その採捕養殖行為の内容は，それぞれ免許の内容の範囲内に限定されたものです。ですから，これらの免許の内容を逸脱して当該漁業が行われた場合には，漁業法上は無免許操業に該当します。これについては，「漁業権を有する者は，免許の対象となった特定の種類の漁業，すなわち，水産動植物の採捕又は養殖の事業を営むために必要な範囲及び様態においてのみ海水面を使用することができるに過ぎず，右の範囲及び様態を超えて無限定に海水面を支配あるいは利用する権利を有するものではない。」（平成８年10月28日東京高裁判決「漁業関係判例総覧続巻13頁」），「免許を受けた漁業時期以外の漁業は，無免許操業に該当する。」（昭和８年２月６日大審院判決「漁業関係判例総覧219頁」）などの判例があります。

漁業権は物権とみなされておりますので，その漁場の区域は明確でなければなりません。したがって，前章でも説明しましたが海面においては起点を定め，これより方位および距離によって沖合の点を定め，これらの点を結び合わせることによって，また，内水面においては河川の下流部および上流部に起点または基線を定めることによって，漁場の位置および区域を確定して免許されているのです。

漁業種類については，採捕または養殖の目的物である水産動植物の範囲，採捕または養殖の手段，方法等について制限されています。共同漁業については「いわし地びき網漁業」「ぶり定置網漁業」等魚種名および漁法を冠して表示し，単一の魚種名を冠することが困難なものについては主な漁獲目的魚種がある場合にはその2，3の魚種名を冠し，主な目的魚種をあげることができない場合には「雑魚」または「磯魚」という語を冠して表示されています。しかし，第1種および第5種共同漁業権については「はまぐり漁業」，「てんぐさ漁業」，「あゆ漁業」等漁獲物の名称のみで表示し，第3種共同漁業であるつきいそ漁業については「つきいそ漁業」と表示されています。区画漁業については，さらに権利内容を明確にする必要があり，原則として「もがいひび建養殖業」，「はまち小割り式養殖業」のように単一の魚種名および養殖方法を冠して表示されることになっていますが，中には混養等の場合に2，3の魚種名を冠したものもあります。

漁業時期については，原則として実態に基づき当該漁業の行われる時期を勘案して定めることとなっています。しかし，共同漁業のうち第1種共同漁業のように海藻，貝類その他定着性の水産動植物を対象にするものについては，資源の保護培養の点を合わせて検討する必要があり，一般には1月1日から12月31日までとされています。区画漁業の漁業時期は，養殖業を営む期間について定められるものです。しかし，筏，ひび，生簀等を固定するための支柱，杭等が漁業時期終了後もそのまま残されている場合もあり，他の漁場利用の面からも問題を生ずるおそれもあって，これを防ぐために漁業時期内または漁業時期終了後，一定期間内に撤去する旨の制限または条件が付いているものもあります。また，定置漁業および第2種共同漁業の小型定置網漁業は，一定区域を相当期間にわたって独占するので，他種漁業等との調整上，漁業時期を厳密にし，実際に網を張り立てるうえに必要な期間に止めて設定されています。

(3)　存続期間

漁業権は，一定の期間を限って存続する権利である

明治漁業法のもとにおける漁業権は，存続期間20年と定められたうえに自由に更新も認められていたために，半永久的な権利として漁場が独占され，多くの弊害がありました。

たしかに，漁業権は財産権の一種ですが，いったん免許を受けたらそれが永久に特定の漁業権者のものであるということでは，水面の高度利用を図ることはできません。なぜなら水面の生産力は永久不変ではなく，日時の経過とともに変わることも予想されますので，いったん免許した漁業権についても，一定期間後に再検討し，常に水面の生産力，技術の進歩等の変化に応じた漁業権の内容とするとともに，漁業権の主体をも特定の者に固定させず，常にもっとも高度に漁場を利用する者に免許するために，前に述べたように　現行法においては，漁場計画制度を取り入れ，比較的短い漁業権の存続期間が定められているのです。

現行法で定められた漁業権の存続期間は，漁業権の種類によって５年または10年となっています。

a　共同漁業権　　10年
b　定置漁業権　　５年
c　区画漁業権

真珠養殖業，大規模な海面魚類等養殖業　10年
特定区画漁業，内水面魚類等養殖業　5年

以上のように存続期間が異なるのは，次のような理由によるものです。

まず，共同漁業権は，漁業協同組合または連合会しか持てない権利ですから，権利の主体はその他の客観情勢の変化があったとしても変わることはなく，また海況漁況の変化があったとしても漁業権の行使は漁業協同組合または連合会の内部で自主的に調整できるので，これらの変化に順応することはできるわけです。したがって比較的長期の10年間とされたのです。

定置漁業権は，その漁業の性格上海況漁況の変化を受けやすく，免許期間を長期に固定することは漁場の変化に即応させることに困難が生じ，時には空権も生ずることも考えられます。しかも定置漁業が回遊魚を対象としているため，この間にあって他種漁業との間に漁業調整上の問題を起こすことも考えられるので，長期間の存続期間とすることは困難であるとの理由によって5年となっているのです。

区画漁業権については，その内容となる漁業によって状況が異なるので，10年および5年のものに分かれています。真珠養殖業を内容とする区画漁業権の存続期間が10年となっている理由は，真珠の大珠生産には普通3～4年の生産期間がかかり，その生産に要する資本，設備等多額に必要とされるので，5年間ではその経営上無理があるので10年となっているのです。海面における大規模魚類等養殖業も，真珠養殖業と同様に施設等に多額の資本が必要であるために10年間となっています。特定区画漁業権の内容である区画漁業および内水面における魚類等の養殖業は，生産期間が比較的短く，5年の免許期間

中に数回の生産が保障されていることから，5年とされています。

漁業権の存続期間は以上のように法定されていますが，これ以外に漁業調整上の理由から短期間だけ免許することもできることになっています。他の漁業権の免許とは遅れて免許する場合に，他のものと終わりを揃えるための短期免許も漁業調整上できることになっています。しかし，漁業調整上以外の事由から5年または10年という存続期間を短くすることはできません。

(4)　漁業権の発生

漁業権は行政庁の免許によってのみ生ずる権利である

漁業権はすべて行政庁の免許という行政行為によって設定される権利であり，漁業権の設定は行政庁の免許による以外は発生しないものです。一般的にいって免許とは，特定人に対して権利を付与することを内容とする行政行為で，申請を前提要件としてなされるものです。前に述べたように，一漁業権ごとに漁業法で定められた法定の手続きを経て，免許および不免許の処分について決定されれば，知事は免許の内容を都道府県の公報に掲載して公示すると同時に，免許された者には免許状（指令書）を，免許されなかった者には，その旨の指令書を交付することになっております。参考までに，免許状の様式および記載例を掲げます。

県指令第○○号

○　○　漁　業　免　許　状

○○県○○郡○○町字○○　○○番地

〇 〇 〇 〇

1. 漁場の位置及び区域　　県　郡　町　地先
次の基点第1号(ア), (イ)及び基点第2号の各点を順次結んだ線と最大高潮時海岸線とによって囲まれた区域
基点第1号〇〇県〇〇郡〇〇町字〇〇番地に設置した標柱
(ア) 基点第1号から〇度〇分〇〇メートルの点
(イ) 基点第2号から〇度〇分〇〇メートルの点
基点第2号〇〇県〇〇郡〇〇町字〇〇岬岩礁に設置した標柱
2. 漁業の種類及び名称　〇 〇 漁 業
3. 漁業の時期　〇月〇日から〇月〇日まで
4. 存続期間　平成〇年〇月〇日まで
5. 制限又は条件

上記のとおり免許する。

平成〇年〇月〇日

〇〇県知事　〇 〇 〇 〇 印

(5) 漁業権の物権性

物権的請求権を有する点が，他の漁業と異なる

漁業法（第23条）で「漁業権は，物権とみなし，土地に関する規

定を準用する。」と規定されています。しかしながら，漁業権の内容は，漁場という特定の水面において一定の内容の漁業を営む権利でして，一般の有体物に対して直接支配することを本体とする物権とは，厳密なる意味において区別されるべきであるので，「みなす」と規定されているのです。

物権とみなされる結果生ずる漁業権の効力としては，漁業権の内容である一定の利益享受を妨害する行為に対して，物権的請求権があります。物権的請求権とは，返還請求権，妨害排除請求権，妨害予防請求権の三つを内容としております。このうち返還請求権は，所有権のある物をとられた場合に返還を請求して取り戻す権利であり，漁業権の場合は物ではないので考える余地がありません。妨害排除請求権は，漁業権を侵害した場合に侵害をやめてくれと請求する権利，妨害予防請求権は，今後侵害しないような措置を講じてくれと請求する権利です。このような物権的請求権を有していることが，漁業権漁業と他の許可，自由漁業と異なる点です。

法律上漁業権は物権とみなされているほか，さらに水面の利用は物権の中でも比較的土地の利用とその形態が近いので，土地に関する規定が準用されています。しかし，前に述べましたように土地の所有権と異なり，直接水面を利用支配する権利ではなく，土地利用と水面利用とはその形態が違いますので，土地所有権と全く同一に取り扱うことはできません。したがって，準用といいましても，漁業法の規定でこれと異なる規定があるほか，漁業権の本質からして解釈上当然例外となる事項も少なくありません。

準用される主なるものを上げると次のとおりです。

a　登記（漁業権では登録―法第50条）を対抗要件とすること。

b　先取特権および抵当権の規定が準用されること。

c　土地収用法が適用されること。

d　民事訴訟法等の法律の適用上において，不動産物権と同じ扱いを受けることを原則とすること。

等です。このうち，dの場合には，裁判所の土地の管理が不動産所在地によって定まると規定されているとき，漁業権には本来所在場所なるものがないので，この点を補充する規定を設け（法第51条），漁場にもっとも近い沿岸の属する市町村を不動産所在地とみなすこととされています。

(6)　漁業権の担保性

漁業権は，例外のものを除き，原則として担保化は認められていない

漁業権は，前に述べたように，申請者で適格性のある者の中から，優先順位にしたがって審査して免許を受け，設定されるものですから，通常の私有財産のように自由な処分を認めることは不適当です。したがって，例外のものを除き，原則として担保化は認められていません。漁業権は，漁業を営む権利として利益を生ずる財産権であり，その収益権を保護し，物権としてはいますが，取引の対象としたり担保化したりすることを，一般には漁業法（第23条）の規定によって制限しています。しかし，一定の期間ごとに存続期間が切れ，その際に再び適格性，優先順位にしたがって審査し，免許のし直しが行われることでもあり，金融の面からの要請も考慮して，特定のものについて例外的に担保化を認めているのです。

これらについてまとめると，次のようになります。

①　担保化の対象とならないもの

a　質権—すべての漁業権

b　先取特権および抵当権—共同漁業権および漁業協同組合，連合会の有する特定区画漁業権

②　対象となるもの

先取特権および抵当権—定置漁業権，区画漁業権（特定区画漁業権を除く）および漁業協同組合，連合会以外の者が有する特定区画漁業権

なお，これらの漁業権の漁場に定着する工作物（たとえば区画漁業の築堤，パイル式囲い等）は，知事の認可を受ければ対象となる。

(7)　漁業権の譲渡性

漁業権は，例外のものを除き，原則として移転は認められていない

前項の漁業権の担保性のところで説明したように，漁業権の場合は一般の私有財産のように自由に処分することは不適当であり，漁業法（第26条第1項）の規定によって，例外のものを除き原則として移転は認められていません。移転し得る場合は次の場合，すなわち

①　相続または法人の合併の場合は，包括承継として認められる。

②　定置漁業権および区画漁業権について

a　滞納処分による場合

b　先取特権者または抵当権者がその権利を実行する場合

c　aの場合における包括承継人が不適格者のため，知事の通知により他の者に譲渡しなければならない場合

の3種類の場合についてのみ，都道府県知事の認可を要件として認められています。知事が移転を認可するにあたっては，海区漁業調整委員会に諮問したうえで，適格性がある者へ移転する場合でなければ認可してはならないことになっています。

(8)　漁業権の貸付

漁業権の貸付は，いかなる場合でも禁止されている

漁業権は財産権の一種ですから，この限りにおいては漁業権者がこれをどう行使しようと勝手であり，したがって貸し付けて賃貸料をとることも自由であるという考え方も成り立ち，明治漁業法においては，賃貸が認められていました。しかし，現行法においては，漁業権は水面の総合利用という観点から漁業調整の一手段としての範囲で認められた公的性格を持つ権利であり，また，適格性や優先順位等を判断したうえで免許されるものです。したがって，このような法の趣旨に基づいて免許されるのであって，漁業権の貸付は，漁業法（第30条）によって一切禁止されています。

(9) 親　告　罪

漁業権または行使権の侵害行為に対しては親告罪が適用される

漁業法（第143条第１項）に基づいて，漁業権または行使権の侵害行為に対して罰則（20万円以下の罰金）が適用されます。本罪は私的財産権としての漁業権および漁業協同組合の組合員の漁業を営む権利（行使権）の保護を目的とし，公共的利益の保護を目的とするものではないので，本法（第143条第２項）を親告罪としているのです。親告罪とは，検察官が公訴するための要件として，被害者その他一定の者の告訴が必要とされる犯罪をいいます。これには，告訴期間が制限され，告訴権者が犯人を知った日から６か月までに告訴する必要があります（刑事訴訟法第235条第１項本文）。告訴権者は，漁業権侵害の場合には漁業権の主体である個人または法人であり，組合管理漁業権の場合において組合員の有する行使権が侵された場合には権利を侵害された組合員個人です。組合員の行使権の侵害が，同時に組合の管理する漁業権の侵害でもある場合には，組合も組合員もそれぞれの立場において告訴権を有しています。

第3編　許可漁業

「許可」とは，法令によって一定の行為が一般的に禁止されている場合に，国または公共団体の機関が特定の場合にこれを解除し，適法にこれをすることができるようにする行為をいいます。したがって，本来自由である行為を公共の福祉上の要請から法令によって一般的に禁止し，これを特定の場合に解除するものですから，許可によって本来の自由が回復するのであって新たに権利が設定されるのではありません。前にも説明しましたように，漁業の許可は，水産資源の保護，漁業調整の目的から自由に営むことを一般的に禁止し，行政庁が出願を審査して特定の者に禁止を解除するものであって，本来の自由の回復であるので，他の漁業を排他して独占的に営む権利である漁業権とはその性格が本質的に異なるものです（第1編第2章(3)参照）。

許可漁業には都道府県知事の行う知事許可漁業と農林水産大臣の行う大臣許可漁業があります。

第1章　知事許可漁業

法定知事許可漁業と知事許可制漁業がある

知事許可漁業には，該当する漁業の内容，性格によって，法律で国が統一的に規制し得るようになっている法定知事許可漁業と，法律に基づいて都道府県規則で具体的な許可漁業の種類が定められている漁業（知事許可制漁業）の2種類のものがあります。

(1)　法定知事許可漁業

法律で国が統一的に規制し得るようになっている

知事許可漁業の対象となるべき漁業の中には，水産資源の保護培養上あるいは２つ以上の都道府県間にまたがる漁業調整上，各都道府県ごとの許可隻数の限度等を，知事の判断だけにまかせることは必ずしも適当でないものがあります。ある県知事が許可を乱発すると，その資源への悪影響が隣接の他県の漁業者にまで及ぶような漁業であるとか，操業上無理を生じて必然的に他県の漁場を侵犯し，漁業紛争を激化させる恐れのあるような漁業の場合です。

このような漁業は，その経営規模からみて，誰に許可するかなどの判断は，通常地域の事情に応じて都道府県知事がするのが適当であり，また許可件数が著しく多いことからいっても国での処理は困難ですが，一方，都道府県ごとの許可隻数の最高限度，あるいは許可し得る漁船の総トン数，馬力数の限度等については，農林水産大臣が統一的に規制し得るようにする必要があります。

中型まき網漁業，小型機船底びき網漁業，瀬戸内海機船船びき網漁業および小型さけ・ます流し網漁業はこのような趣旨から，漁業法（第66条第１項）で法定知事許可漁業として規定され，船舶ごとに操業海域を管轄する都道府県知事の許可を受けなければ営んではならないこととされています。そして，農林水産大臣はこれらの漁業について，漁業調整のために必要があると認めるときは，知事が許可をすることのできる船舶の隻数，合計総トン数もしくは合計馬力数の最高限度―許可枠―を定め，または海域ごとの許可をすることのできる船舶の総トン数もしくは馬力数の最高限度―トン数制限，馬力制限―を定

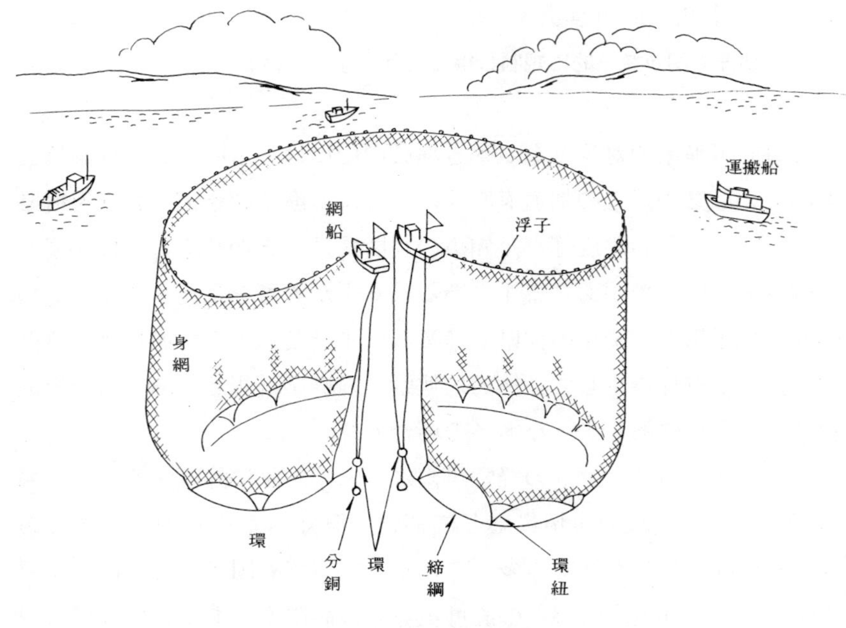

中型まき網（巾着網）

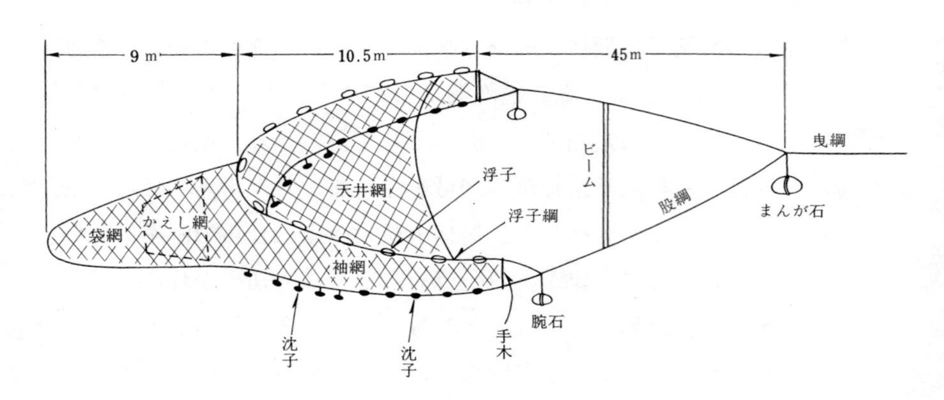

小型機船底びき網（エビこぎ網）

め得ることとされています。そして知事は，これらの許可枠またはトン数制限，馬力制限を超えた船舶について許可することを禁止されています。

なお，これらの対象となる漁業は，それぞれ次のように定義されています。

◦中型まき網漁業：総トン数５トン以上40トン未満の船舶により，まき網を使用して行う漁業（指定漁業を除く）をいう。
◦小型機船底びき網漁業：総トン数15トン未満の動力船により底びき網を使用して行う漁業をいう。
◦瀬戸内海機船船びき網漁業：瀬戸内海において総トン数５トン以上の動力漁船により船びき網を使用して行う漁業をいう。
◦小型さけ・ます流し網漁業：総トン数30トン未満の動力漁船により流し網を使用してさけ，またはますをとる漁業をいう。

(2)　知事許可制漁業

違反者は法に基づく罰則が適用される

法改正後（平成19年法律第77号）の漁業法第65条第１項および水産資源保護法第４条第１項の規定においては，都道府県知事は，

①　特定の種類の水産動植物であって規則で定めるものの採補を目的として営む漁業
②　特定の漁業の方法であって規則に定めるものにより営む漁業（水産動植物の採補に係るものに限る。）

について都道府県知事の許可（以下「知事許可制漁業」という。）を受けなければならないとすることとし，これに違反した者について

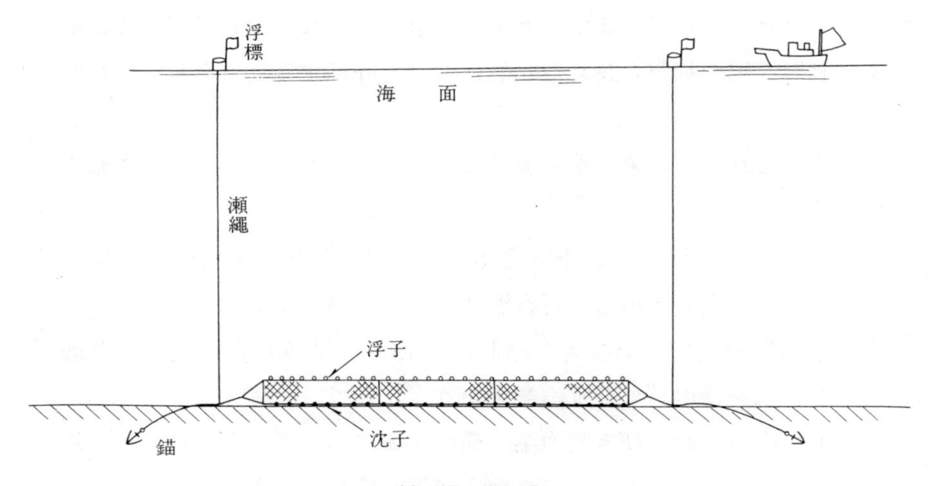

刺　網　漁　業

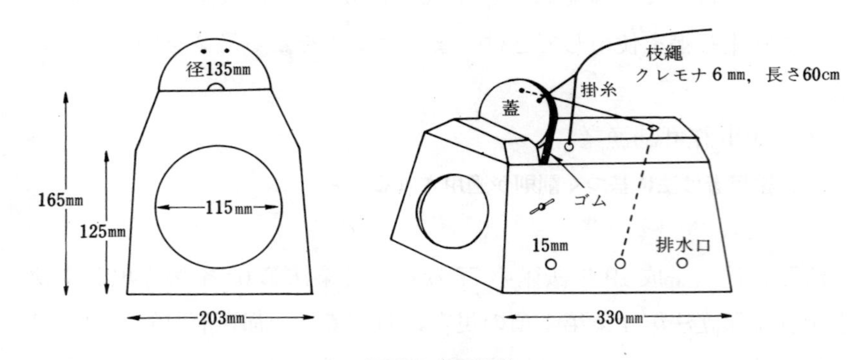

たこ壷（有蓋型）

は，漁業法第138条第6号および水産資源保護法第36条第1号の罰則（3年以下の懲役または200万円以下の罰金）を適用することとされました。具体的な知事許可制漁業の種類については都道府県漁業調整規則に委任されています。

また，知事許可制漁業のなかで船舶の総トン数または馬力数が漁獲努力に大きく影響するような漁業，その他船舶を特定する必要のあるものについては，法定知事許可漁業と同様に当該漁業ごとおよび船舶ごとに許可が必要で，その他は単なる漁業ごとの許可のみが必要です。

知事許可制漁業は数が多く，また種々雑多で，大臣許可漁業，定置漁業権，区画漁業権のもの，あるいは法定知事許可漁業，一部の一本釣漁業，はえ縄漁業などの自由漁業を除けばほとんどの漁業が含まれます。また，定置漁業（大型定置網漁業）および区画漁業も漁業法（第9条）の規定により，漁業権に基づかなければ営むことはできませんが，共同漁業は必ずしも漁業権に基づかなくても営むことができることになっています。したがって，共同漁業権の対象となっているものでも，漁業調整上重要な漁業，たとえば固定式刺し網漁業，小型定置漁業，地びき網漁業などについては知事許可制漁業となっています。

第2章　大臣許可漁業

政令で定められた指定漁業と省令で定められた特定大臣許可漁業がある

(1)　指定漁業

法律に基づき政令によって，現在13種類の漁業が指定されている

指定漁業は，次の二つの要件を備える漁業について，漁業法（第52

遠洋底びき網漁業

大中型まき網漁業

大型イカつり漁業

条第１項）の規定により政令で具体的に指定された漁業をいいます。

①　水産動植物の繁殖保護または漁業調整のため，漁業者およびその使用する船舶について，制限措置を講ずる必要がある漁業であること。

②　政府間の取決め，漁場の位置，その他の関係上，当該措置を統一して講ずることが適当である漁業であること。

「船舶についての制限措置」とは，漁獲努力の指標としての船舶について総トン数，隻数等の規制措置をいい，「当該措置を統一して講ずる」とは，複数の規制主体によりバラバラに規制するのでなく，農林水産大臣によって一元的に規制を必要とするという意味です。たとえば，操業区域が二つ以上の都道府県知事の規制にゆだねることが不適当の場合，操業区域が知事の管轄区域外の遠洋漁業である場合，政府間の協定に基づいて規制を必要とする場合等です。

指定漁業について現在次の13種類の漁業が政令で指定されており，これらの指定漁業は，船舶ごとに農林水産大臣の許可を受けなければ営んではならないことになっています。

沖合底びき網漁業，以西底びき網漁業，遠洋底びき網漁業，大中型まき網漁業，大型捕鯨業，小型捕鯨業，母船式捕鯨業，遠洋かつお・まぐろ漁業，近海かつお・まぐろ漁業，中型さけ・ます流し網漁業，北太平洋さんま漁業，日本海べにずわいがに漁業，いか釣り漁業

(2)　特定大臣許可漁業

法律に基づき農林水産省令によって定められている

漁業法（第65条第2項）および水産資源保護法（第4条第2項）の規定に基づき，漁業取締りその他漁業調整および水産資源の保護培養のため必要がある場合に，漁業の規制措置を講ずることができることとなっています。前述した指定漁業の指定要件のほか，指定漁業の許可方式になじむ漁業すなわち，許可隻数，総トン数の総枠規制を行う必要のあるもの以外のものは，許可制等を必要とする漁業であっても，指定漁業として規定されないで，「特定大臣許可漁業等の取締りに関する省令」（平成6年農林水産省令第54号，最終改正平成20年7月25日農林水産省令第50号）に基づいて，農林水産大臣の特定大

臣許可漁業および届出漁業として規定されています。

⑺　特定大臣許可漁業

「特定大臣許可漁業」としては，次の５種類の漁業が指定されています（省令第１条第１項，第２項）。

①　ずわいがに漁業（総トン数10トン以上で，沖合底びき網漁業を除く漁業）

②　東シナ海等かじき等流し網漁業（東経127度59分52秒の線以西の日本海および東シナ海において総トン数10トン以上のカジキ・マグロ・カツオを対象とする流し網漁業）

③　東シナ海はえ縄漁業（東シナ海における総トン数10トン以上のはえ縄漁業であって，沿岸まぐろはえ縄漁業，遠洋かつお・まぐろ漁業，近海かつお・まぐろ漁業を除いたもの）

④　大西洋等はえ縄等漁業（大西洋又はインド洋においてはえ縄，刺し網，かごを使用して行う漁業であって，かじき等流し網漁業，沿岸まぐろはえ縄漁業，遠洋かつお・まぐろ漁業，近海かつお・まぐろ漁業を除いたもの）

⑤　太平洋底刺し網等漁業（太平洋の公海（わが国および外国の排他的経済水域を除く）において，はえ縄または底刺し網を使用して行う漁業であって，ずわいがに漁業，沿岸まぐろはえ縄漁業，遠洋かつお・まぐろ漁業，近海かつお・まぐろ漁業を除いたもの）

特定大所許可漁業は，指定された規制海域において，指定された期間に営もうとする者は，農林水産大臣の許可を受けなければならないこととなっています（省令第３条）。

⑷　届出漁業

「届出漁業」は，次の４種類が指定されています（省令第１条第１

項，第3項）。

① かじき等流し網漁業（総トン数10トン以上で，カジキ，カツオ，マグロを対象とする流し網漁業であって，東シナ海等かじき等流し網漁業を除く）

② 沿岸まぐろはえ縄漁業（わが国の排他的経済水域，領海，内水等（東京都小笠原村南鳥島に係る排他的経済水域等および北海道宗谷岬突端を通る経線以西，長崎県野母崎突端を通る緯線以北の日本海海域を除く）において，総トン数10トン以上20トン未満で行うまぐろはえ縄漁業）

③ 小型するめいか釣り漁業（総トン数5トン以上30トン未満のもの）

④ 暫定措置水域沿岸漁業等（日韓漁業協定，日中漁業協定等で定める暫定措置水域で行う漁業であって承認漁業等を除いたもの）

届出漁業は，指定された海域において，指定された期間に営もうとする者は，操業期間ごとおよび船舶ごとに，当該操業期間の最初の日の1月前までに農林水産大臣に届け出なければならないこととなっています（省令第23条第1項）。

第４編　漁業調整委員会

現行漁業制度の特色は，前に述べましたように明治漁業法に比べていろいろありますが，最大のものの一つは，漁業調整委員会制度を取り入れたことです。漁業法（第１条）の目的で「漁業者および漁業従事者を主体とする漁業調整機構の運用によって水面を総合的に利用し，漁業生産力を発展させ，あわせて民主化を図ることを目的とする。」と規定されています。つまり，現行の漁業制度においては，いかに水面を総合的に利用し，いかに漁業生産力を発展させるかは，漁業者および漁業従事者を主体とする漁業調整機構＝漁業調整委員会システムの運用を図ったうえで行うことが原則となっているのです。

第１章　委員会の性格

戦後初めて採用された行政委員会である

漁業調整委員会は国または都道府県に設置された行政委員会です。行政委員会は内閣なり都道府県知事部局の一般の行政権から，多かれ少なかれ独立性を担保されて，一定の行政権を行使でき得る機関であるだけでなく，みずから規則を制定し得る準立法的機能を有し，また裁定等も行使し得る準司法的機能をも合わせて有する合議制の行政機関です。このような制度は特にイギリス，アメリカで発達し，戦後わが国でも採用され，漁業調整委員会だけでなく，各制度の中に取り入れられています。

まず，国には公正取引委員会，国家公安委員会，中央労働委員会等が，都道府県では教育委員会，選挙管理委員会，人事委員会，海区漁業調整委員会，内水面漁場管理委員会等があり，また市町村では教育委員会，選挙管理委員会，農業委員会等があります。

行政委員会が一般の行政権から多かれ少なかれ独立制を担保された機関であることは前述のとおりですが，なぜこのような機関が設置されたかの理由はいろいろありますが，少なくとも次のような点があげられます。

第1点は，内閣は政党内閣であり，また地方公共団体の首長は公選首長であり，漁業調整のような中立的性格を特に維持する必要のある

周防灘三県漁業協定調印式

(周防灘三県連合海区調整委員会の調整によって長年の周防灘紛争が解決された。1968年2月13日，博多ステーションホテルにおいて，中央は著者)

行政に対しては，これらの一党一派の政治的な影響が強く及ばないようにする必要があることです。

第２点は，特に技術的，専門的な知識，経験を必要とする点です。漁業調整の場合にも，実際に漁業に関する経験，知識を必要とすることが多いのです。

第３点は，相対立する利益の調整を必要とする行政で，漁業調整委員会はまさにこれらのことを主たる任務としている行政です。

第２章　委員会の種類と組織

海面には，海区委員会，連合海区委員会および広域委員会が，内水面には，内水面漁場管理委員会がある

漁業調整委員会は，海区漁業調整委員会，連合海区漁業調整委員会および広域漁業調整委員会の３種類があります。海区漁業調整委員会は，各海区に常設された漁業調整委員会であり，連合海区漁業調整委員会は，特定の目的のために，２以上の海区にわたる問題を処理するために，随時必要に応じて設けられる漁業調整委員会です。また，広域漁業調整委員会は，広域的な問題を処理するために，全国を３ブロックに分けて，太平洋，日本海・九州西および瀬戸内海の３つがあります。これらは，いずれも，その設置された海域内における漁業に関する事項を処理することになっています。

また，内水面には，これに準じた機構として内水面漁場管理委員会があります。これについては，「第５編　内水面漁業制度」のところで説明します。

(1)　海区委員会の設置

全国に66の海区が設置されている

海区漁業調整委員会は，漁業法（第84条第1項）に基づき海面（農林水産大臣が指定する湖沼を含む。）について，農林水産大臣が告示で定めた海区ごとにおかれています。海区は，原則として1県1海区ですが，特殊な立地条件下にある水面では，特別に海区指定が行われています。離島に関係の海区（たとえば新潟県佐渡海区）とか，指定湖沼の関係の海区（たとえば茨城県霞ヶ浦北浦海区）とか，地理的に同一県下の他の海区と隔絶している海区（たとえば福岡県，佐賀県の有明海区）とか，あるいは非常に長い海岸線である海区（たとえば北海道の各海区）などは別の海区として分けられています。

海区数は全国で66海区ありますが，北海道10海区，長崎県4海区，福岡県，鹿児島県はそれぞれ3海区，青森県，茨城県，東京都，新潟県，兵庫県，島根県，山口県，佐賀県，熊本県はそれぞれ2海区で，その他の府県は1海区です。

(2)　海区委員の構成

一般には15名，特別海区は10名で構成される

委員の構成は，一般には15名をもって構成されますが，特に農林水産大臣が指定した海区は10名です。その内訳は次のとおりです。

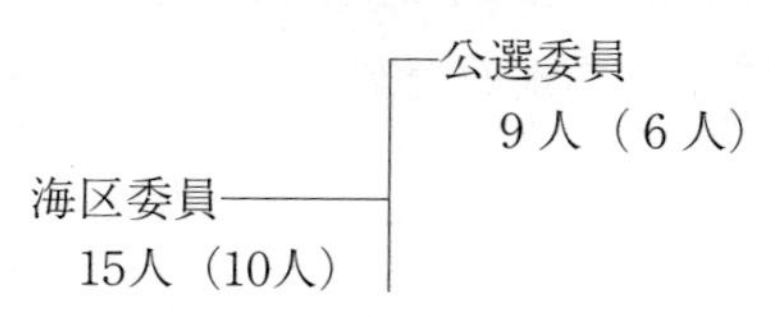

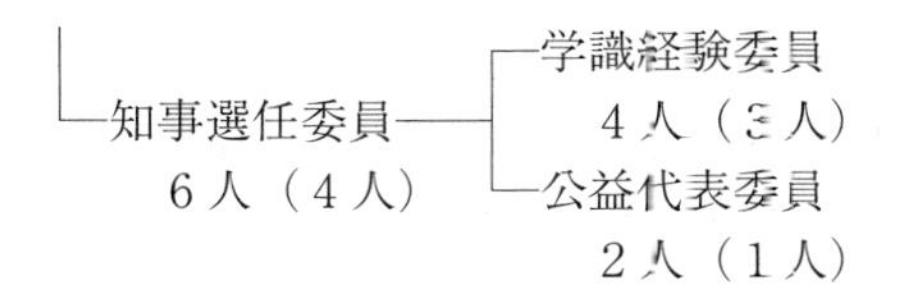

（備考）かっこ内は農林水産大臣の指定海区

海区漁業調整委員には公選委員と知事選任委員があります。公選委員は，漁民が漁民の中から選挙によって選んだ委員で，被選挙権のある者は個人だけでなく法人の漁業者でもなることができます。

農林水産大臣が指定した海区とは，主として前述したように，特別の理由で特殊海区を別に設置したが，漁業者数が少ないので，これに伴って委員数を一般より少なく10人としたものです。これらの海区は次の17海区です。

霞ヶ浦北浦，東京都内湾，小笠原，佐渡，大阪，但馬，琵琶湖，隠岐，福岡県豊前，筑前，福岡県有明，佐賀県有明，五島，対馬，熊本県有明，能毛，奄美大島

なお，海区漁業調整委員会には必要に応じて専門委員を置くことができます。専門委員は，学識経験者の中から知事が選任し，専門の事項を調査審議して委員会に意見を述べることを役目としています。

第3章　海面利用協議会

漁業と海洋性レクリエーションとの調整を図り，海面の円滑な利用を図るための機関である

海区漁業調整委員会は，漁民代表委員が中心となって，学識経験者，公益代表委員を含めて協議する機関で，漁民以外の遊漁者などの海面

利用者は含まれていません。しかし，後で述べますように，委員会は知事に対する諮問機関，建議機関だけではなく，みずから裁定，指示，認定などのできる決定機関でもあるわけです。この中で特に指示権については，海に関係する者は遊漁者であっても漁業調整上必要がある場合には，発動できることになっています。

内水面には，内水面漁場管理委員会という海区漁業調整委員会と全く同様の機能と権限を有する都道府県の行政委員会があります。こちらの方は海面漁業調整委員会と異なり，委員の中に必ず遊漁者の代表が加えられることとなっています。このことは漁業法制定当時海面と内水面の様態が異なっていたことによるものですが，今日では海面の遊漁等の人口も増大し，漁業法制定当時とはその様相は違っております。

このような状況に対して実態的に対応するために，水産庁では昭和45年に，当面の措置として都道府県に対して予算補助を行い，水産庁長官通知（昭和45年6月8日45水漁第4208号）によって漁業代表者，遊漁代表者，学識経験者からなる「漁場利用調整協議会」を設置して海区漁業調整委員会の協力機関として調整を行うこととしました。昭和54年からはさらに必要がある場合には都道府県内の地区に「漁場利用調整地区協議会」を設置して，地区ごとの調整も行うことになりました。

しかしながら，最近では遊漁だけではなく，ヨット，モーターボート，スキューバダイビング等の海洋性レクリエーションが盛んになり，漁業とのトラブルも増え，これらの調整を図る必要があるので，平成6年度から都道府県あての水産庁長官通知（平成6年7月11日6水振第1583号「海面利用協議会等の設置について」）によって従来の協議会を発展的に改組し，新たに，これらに関係する人々も委員に加え，海面利用協議会，海面利用地区協議会および広域海面利用連絡会議をそれぞれ設置し，さらに平成11年6月28日（11水管第1714号）には広域海面利用協議会を設置して，広狭の各区域にわたって，漁業と海洋レクリエーションの調整に関する各種事項を協議検討し，これらの共存および調和ある発展を図ることにしました。水産庁長官通知に記載されている「都道府県海面利用協議会規約例」の職務および組織は次のようなものです。

(ア)　職　務

①　漁業と海洋性レクリエーションとの海面に関する事項について調査，検討を行うこと。

②　海区漁業調整委員会の諮問に応じて海面における漁業と遊漁との調整に関する事項について調査検討を行うこと。

③　前号に定める事項のほか，海面における漁業と遊漁との調整に関する事項その他海面における遊漁に関する事項について，海区漁業調整委員会に意見を述べること。

(イ)　組　織

協議会の委員は，都道府県知事が選任した次に掲げる者により構成する。

①　都道府県知事の管轄区域内における漁業協同組合員

②　原則として，当該区域内に住所を有する遊漁関係者であって，漁業協同組合員以外の者

③　原則として，当該区域内に住所を有する海洋性レクリエーション関係者であって，上記以外の者

④　学識経験を有する者

これらの協議会については，水産庁から都道府県に予算補助を行い，知事に出した水産庁長官通知によって実施されているものであって，法律に規定されている事項ではありません。

第4章　委員会の権限と機能

諮問機関，建議機関，決定（裁定・指示・認定）機関等の広範な権限，機能を有している

前述したように漁業法（第1条）では，漁業調整委員会の運用によって水面を総合的に利用し，漁業生産力の発展を図ることを目的としているとおり，漁業調整委員会は広範，強力な権限，機能を有しています。漁業調整委員会は知事の諮問機関，建議機関であるばかりでなく，みずから裁定，指示，認定などを行う決定機関としての機能も

全国海区漁業調整委員会ブロック会議（1972年10月26日，中央は著者）

有しているのです。

(ア)　諮問事項

漁場計画の作成，漁業権の免許，その他漁業権に関する一切の行政庁の処分については，必ず漁業調整委員会の意見をきいて行わなければならないことが法定されています。また知事許可漁業についても，漁業法（第65条第1項）等に基づいて制定された各都道府県漁業調整規則の規定によって同様のことが定められています。したがって，これらの知事の行う免許，許可等の処分は，いずれも漁業調整委員会に諮問が必要であって，もし諮問しないで行われた場合には無効となります。

(イ)　建議事項

委員会は，また知事からの諮問だけではなく，委員会みずから知事が実施すべきである旨，積極的に建議することができる事項が法定されています。たとえば，漁場計画を樹立すること，免許後漁業権に制限条件をつけること，委員会指示に従わない者があるとき指示に従うべき命令を出すこと等の建議です。

(ウ)　決定事項

委員会は，さらに次のような，みずからが決定機関として裁定，指示，認定に関する強い権限を有しています。

① 裁　定

入漁権の設定，変更，消滅についての裁定，土地の定着物についての使用権設定についての裁定および土地または土地の定着物の貸付契約の変更，または解除についての裁定が法定されています。

② 指　示

関係者に対し，水産動植物の採捕に関する制限，禁止，漁業者の数の制限，漁場の使用の制限その他必要な指示をすること，また，第1種または第5種共同漁業について，漁業協同組合と組合員でない漁民との間の共同漁業権について指示することが法定されています。

③ 認 定

漁業権の適格性に関する事項の認定が法定されています。

㈤ その他

所掌事項を処理するために必要な場合の報告の徴収，調査，測量，検査に関する事項が法定されています。

第5章 委員会指示

漁業調整上必要があると認めるときは，関係者に対し誰に対しても必要な指示をすることができる

漁業調整委員会の権限と機能については前述しましたが，この中で漁業法（第67条第1項）に基づく指示については，公有水面を利用される方々にとって直接関係のある問題であるので，1章を設けて少し詳しく説明することとします。

(1) 指示の内容と機能

一般的，固定的な制限禁止について定める法令に対し，緊急的，補完的な措置として発動されるものである

漁業を規制する法令としては，漁業法，水産資源保護法およびこれらに基づく命令がありますが，これら法令はその性格上，一般的固定的な制限または禁止について，それぞれ法令の体系の枠内で個別に漁業等を規制しています。したがって，そこでなされる制限や禁止の間の調整が困難な場合も予想され，漁業調整が円滑になされない危険性があります。そこで，この間隙を補完する意味で，漁業調整委員会が漁業調整上必要と認めたときは，誰にでも関係者に対して指示権を発動して漁業調整を図ろうというのが趣旨です。

指示の目的は，漁業調整であり，例示として「水産動植物の繁殖保護を図り，漁業権又は入漁権の行使を適切にし，漁場の使用に関する紛争の防止又は解決を図り，その他漁業調整のために必要があると認めるときは」と規定されていますが，その他漁業調整に必要があると認めるときは，どのようなことでも指示をなし得るのです。

指示の内容は，例示として「水産動植物の採捕に関する制限又は禁止，漁業者の数に関する制限，漁場の使用に関する制限その他必要な指示」と規定されていますが，漁業調整上必要な事項なら，いかかる事項でもよいわけです。

また，指示の相手は，「関係者に対し」と規定されているので，必要に応じて誰に対してもできるのです。それは漁民はもちろん，漁民以外の人に対しても，特定人に対しても，また一般不特定人に対してもよいわけです。これらは，たとえば遊漁者など海洋レジャーをやる方々に対しても，汚水を流すような工場に対しても発動できるとされています。

指示の形式は，関係者に対し消極的な制限だけではなく，積極的に「…すべし」という指示も出せることはもちろんですが，前述したように，委員会が必要と認めたときは，関係者全部に対して指示が出せるという広範な権限ですから，この運用にあたっては十分な配慮が必要とされる一方，法の趣旨を逸脱して，他の漁業調整の体系を混乱するような指示は許されないことは当然です。

(2)　指示の法的効力

知事の裏付け命令がなければ，違反者に対する罰則は適用されない

委員会指示は，それだけでは法的効力はなく，指示に違反した者に対して罰則が適用されません。あとで説明するような複雑な手続きを経たうえでの指示を裏付けする知事の命令があって初めて法的効力を生じ，この命令に違反した場合に罰則が適用されることになっています。

このように漁業調整委員会限りでは，実質上は別としても法的には強制力がなく，知事がこれを裏付けして初めて強制力を生ずるようになっているので，知事が命令を出せないような内容の指示を出すことは漁業調整委員会の権威を失墜するものであり，この間の事前の緊密なる連絡が望ましいとされています。一般法令の場合も同様ですが，特に委員会指示はその指示違反に対する取扱規定からみても，大多数の関係者によって守られることを前提としているので，指示する場合には，その指示に合理性があり，かつ，大多数の関係者に守られるような内容のものでなければなりません。したがって，遊漁者等に対する指示は前述したように漁業調整委員会で審議する前に，委員会の下部機構である漁業者，遊漁・海面レクリエーション関係者，学識経験者等からなる「海面利用協議会」等で，話し合い，調整を十分図ったうえでこれらの内容がつくられたものでなければならないのです。

次に知事の裏付け命令の手順について述べます。

①　命令の申請

指示を受けた者がこれに従わないとき，必要がある場合には，漁業調整委員会は知事に対して，その者に指示に従うべき旨の命令を出してほしいと申請します。

この場合に不特定人に対してした一般的指示の場合，不特定人の全部に命令を出すことを知事に申請することは適当でなく，委員会指示に従わないことが確認された特定の者についてだけ申請することになっています。

②　催　告

知事は申請を受けたら15日以内の一定期間を定めて，その者に指示に対して異議があればその期間内に申し出るように催告しなければなりません。

（催告例）

○○第　　号

住所

氏名

平成　　年　　日付○○委指示第　　号の指示に異議があれば，
年　　月　　日までに当該異議の趣旨及び理由等を申し出られたい。

平成　　年　　月　　日

○○県知事　　　氏　　　名　　　印

③　命　令

もし一定期間内に異議の申し出がない場合，異議の申し出があっても指示に従わない正当の理由がないときは，知事はその者に対して初めて指示に従うべき旨の命令をすることができるのです。

（命令例）

〇〇第　　号

住所

氏名

〇〇海区漁業調整委員会の〇月〇日付第〇〇号の指示に従うことを命ずる。

平成　　年　　月　　日

〇〇県知事　　氏　　名　　印

④　罰　則

このような知事の命令が出されて以後において，この者がこの知事の出した命令に違反した場合において初めて，漁業法第139条に規定する罰則（1年以下の懲役もしくは50万円以下の罰金または勾留もしくは科料）が適用されることになります。

第５編　内水面漁業制度

第１章　内水面漁業の特性

漁業を営まない水産動植物の採捕者が非常に多く，広範に存在している

内水面漁業は，海面漁業とは地形的にも，資源的にも，またそれを利用する人々も異なった特性を持っています。したがって，これらを管理する漁業協同組合員の構成も漁業権の内容，取り扱い等も異なった点が多いのです。

(1)　性　格

一般の採捕者，遊漁者が多く，資源上増殖しなければ成り立たない水面である

内水面漁業の実態は，海面漁業に比べて，次のような点でその性格が著しく異なっています。

(ア)　海面に比べて専業の漁業者の比重が著しく低く，半農半漁の性格が強く，しかも漁業を営まない水産動植物の採捕者が広範に存在すること。

(イ)　内水面の資源の特質として，増殖しなければ成り立たない性格のものが多いこと。

(ウ)　河川は公共的性格が強く，漁業者や採捕者のほかに広範な遊漁人口を抱いていること。

など，海面の漁業とは性格が異なっており，漁業規制の方式も別に考えるべき点が多いのです。このような事情から，内水面漁業方式として，海面の漁業規制方式とは別に内水面に適する方式が必要なのです。現行法ではこれに対応するために，内水面漁業協同組合に漁業権を免許し，これらに増殖義務を課して自治的に内水面漁業の管理にあたらせる一方，漁業権者と遊漁者との間においては，都道府県知事の認可を必要とする遊漁規則を制定し，これによって，その調整を図ることとされております。

(2) 範　囲

河川・湖沼のうち，規模の大きい湖沼は除かれている

一般に内水面とは，河川，湖沼等をいうのですが，漁業法上は，漁業の実態から海面と同一に扱うべき湖沼，また内水面と同一に取り扱うべき海面は，それぞれ公示で指定されております。湖沼のうちで，「琵琶湖（周辺の内湖を除く），霞ケ浦北浦，浜名湖，中海，加茂湖，猿澗湖，風蓮湖，厚岸湖」は海面と同じ取り扱いとされています。したがって湖沼に関する漁業法（第６条第５項第５号）で規定している内水面は，これらの湖沼を除いた湖沼をいいます。また，海面ではあるが湖沼に準ずるものとして指定されているものに久美浜湾，与謝海があります。

(3) 管理団体

漁業を営まない一般の採捕者でも正組合員になれる，特殊の内水面漁業協同組合によって管理されている

内水面においては，漁業協同組合を全面的に管理団体として，これにすべての漁業権を免許して，内水面の管理，増殖を行うこととされています。

特に，河川については他の内水面と異なり，水産業協同組合法（第18条）で「組合の地域内に住所を有し，かつ，漁業を営み若しくはこれに従事し，又は河川において水産動植物の採捕若しくは養殖をする日数が1年を通じて30日から90日までの間で定款で定める日数をこえる個人は，組合の組合員たる資格を有する。」と規定され，漁業とはいえない程度の事実上の水産動植物の採捕行為（遊漁など）をする者であっても正組合員になることができるのです。その理由は，河川における組合は，前述したとおり，その主な役割が海面における場合と異なり漁業秩序の維持と増殖にあるので，およそ河川で漁労行為をする者は漁民でなくても，これらの多数の人々を組合員とすることが河川組合の目的と合致するからです。

第2章　内水面の共同漁業権

内水面の第5種共同漁業権は，組合に対して増殖義務が特に法律によって課せられている

(1)　免許の要件

内水面が増殖に適した水面であり，免許を受けたものが増殖を行う場合でなければ，免許されない

内水面における共同漁業は，増殖義務との関連から，第1種共同漁業に該当するものを除いて，すべて漁法の如何（いかん）を問わず第5種共同漁業に統合されています。したがって，内水面の共同漁業については，第1種共同漁業，すなわち，藻類（ヒシ，ジュンサイ等），貝類（シジミ，カラスガイ等）または定着性の水産動物（エムシ等）を対象とするもののほかは，すべて漁業法（第127条）によって，対象となる水産動植物が増殖可能であり，かつ，これを増殖する場合でなければ免許されないのです。

内水面における第5種共同漁業に限って，特に増殖義務が法定されているのは，いままで述べてきましたように，内水面漁業の特殊性にもかかわらず，漁業協同組合に第5種共同漁業権という私権の設定を認めたことと，内水面の公共的性格ということの両側面を調和する意味合いからです。まず内水面においては，一部の大湖沼を除き，そこを生業の場とする漁業者の数が少なく，広くその周辺の住民による採捕ないし遊漁という公共的性格が強いため，ある特定の人なり，特定の団体に私権を設定して独占的な採捕の権利を認めることには問題があります。このため漁業法制定にあたって，市町村に漁業権の管理を

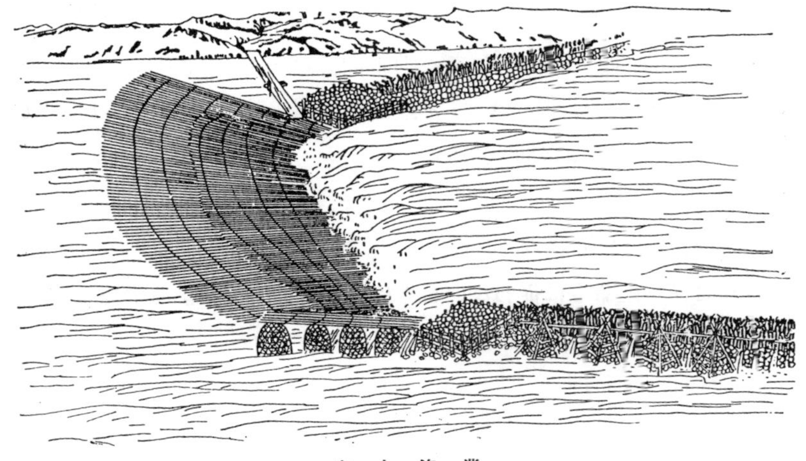

やな漁業

させるような案もあったくらいです。しかし，内水面は，海面と異なって自然的豊度が低く，かつ，立地条件から操業が容易なため，海面に比べて，多数の採捕者の乱獲によって資源が枯渇するおそれがはるかに大きいのです。このことから，内水面の資源の維持増大および有効な利用を図るためには，特定の団体に漁業権を付与し，その団体によって権利の内容である水産動植物の積極的な増殖を行うことを義務づけ，団体の自主的な努力によって河川等の管理を適切に行わせることとされたのです。すなわち，増殖と管理とを通じて内水面の資源的価値を高めることと裏腹に，漁業権を与えるわけです。このことからして，内水面における第５種共同漁業権は，その権利自体に内在する制約として，単に独占排他的なものの主張は許されない性格を本来的に持っています。内水面の漁業権の本質は増殖であることは以上述べたとおりで，単に河川全体の独占権が欲しいというような漁業権は免許されないのです。増殖のために必要な場合に限り，免許を申請する者は，その内水面の豊度に応じていかなる増殖をするかの具体的プランがなければならないのです。内水面の漁業権の免許には，その内水面が増殖に適しているという客観的要件と，かつ免許を受けた者が増殖するという主体的要件が必要です。

(2)　増殖命令と漁業権の取消し

組合が増殖命令に従わないときは，知事は法律によって漁業権を取り消さなければならない

免許は受けたが，その後組合が増殖を怠っていると認めたときは，知事は，内水面漁場管理委員会の意見をきいて増殖計画を定め，その計画に従って増殖するように命令することができます。もし，この命令に従わないときは，知事は漁業権を取り消さなければなりません。通常，法令に基づいての取消しの場合は，「取り消すことができる。」と消極的に規定されていますが，この場合は，「取り消さなければならない。」として，知事に漁業法上（第128条第2項）取消しを義務づけています。

また，この措置について，全国的に客観的な立場に立って判断し得る農林水産大臣に対する措置を，漁業法（第128条第4項）で規定しています。すなわち，内水面における増殖が十分行われるように，また都道府県によって増殖の程度を異にしていたり，増殖命令，漁業権の取消しの規定の実施状況を異にしているのでは不都合であり，内水面全体の立場に立って，その持つ豊度に応じて増殖が行われることが要請されます。したがって特に必要があるときは，農林水産大臣が知事に対して，増殖命令の規定を発動すべきことを命じ，また知事の定

アユ釣り

めた増殖計画が不十分であると認めるときは，その変更を命じることができることとなっています。

第３章　遊漁規則制度

第５種共同漁業権の内容である水産動物の採捕についても，遊漁規則によらなければ遊漁者の制限をすることはできない

最近，釣り人口が急増したことに対応して，漁業権者と遊漁者との間のトラブルの調整が必要となり，1962年に漁業法（第129条）の一部が改正され，遊漁規則に関する事項が定められました。すなわち，内水面における第５種共同漁業の免許を受けた者は，遊漁について制限をしようとするときは，遊漁規則を定め，都道府県知事の認可を受けなければならず，遊漁規則によらず遊漁を制服してはならない趣旨が規定されました。これによって内水面の公共的性格に基づいて，第5種共同漁業権の内在的制約が法律上明らかにされたのです。

(1)　遊漁規則の性質

内水面においては，遊漁規則に定められていない魚類は，誰でも遊漁料を払わないでも釣りをすることができる

漁業法（第129条第1項）で内水面については「遊漁とは，漁業権者たる内水面漁業協同組合の組合員以外の者のする水産動植物の採捕をいう。」と規定しています。単にレクリエーションとして水産動植物を採捕するだけの者も，組合の地区内に住所を有すれば，内水面漁業協同組合の組合員になれることについては，前述したとおりです。

内水面における第5種共同漁業についても，漁業権者である内水面漁業協同組合または連合会の傘下の組合員であって，漁業権行使規則または入漁権行使規則で定める資格に該当する者が，第5種共同漁業を営む権利を有するのであって，それ以外の者は営む権利がないのです。しかし，共同漁業については，定置漁業および区画漁業と異なり，漁業権に基づかなくてもその漁業を営むことができるので，この行使規則で定める資格に該当する以外の組合員および非組合員も，資格該当組合員の受忍の範囲内で，貸付禁止の規定（漁業法第30条）に違反しないでその漁業を営むことが可能です。

本来，権利者が営む場合とか，単なる事実行為としての採捕をするという場合には，権利者に対する侵害の問題が生ずるわけであって，まさに遊漁，すなわち組合員以外のする採捕も，そういう権利侵害として権利者から排除され，制限されるべき性質のものですが，前述したように内水面の第５種共同漁業権の内在的制約として，権利者である漁業協同組合は，この侵害を当然には排除または制限し得ないこととされているわけです。すなわち，遊漁とは，形式上は権利侵害となる行為でありながら，権利の側の内在的制約によって，これを無条件に排除または制限し得ないこととされているために，その内在的制約の限度では侵害についての責任を追及されないという性質を持つものです。

遊漁規則は，漁業権行使規則や入漁権行使規則のような内部団体を規制するための規約とは異なり，団体とその構成員以外の者との間に一定の法律効果を生ぜしめるものであって，一般遊漁者と漁業権者との関係が法律上規制されるという効果が与えられているのです。もし漁業権者が漁業法（第129条第１項）に基づく遊漁規則によらないで遊漁を制服しても，それは法律違反として法律上の保護は与えられないことになります。すなわち，遊漁者に対して，権利侵害としての物権的請求権を行使することは保証されず，また損害賠償も請求できないのであり，さらに，遊漁料も徴収できないことになるわけです。

⑵　遊漁規則の内容

遊漁規則の範囲，遊漁料，遊漁承認証等について定めている

遊漁規則に掲げる事項は，漁業法（第129条第２項）および漁業法施行規則（第13条）で規定されている次の６項目です。すなわち

a　遊漁についての制限の範囲

b　遊漁料の額およびその納付方法

c　遊漁承認証に関する事項

d　遊漁に際し守るべき事項

e　遊漁監視員に関する事項

f　違反者に対する措置に関する事項

この中で，遊漁承認証の様式例を参考までに次に掲げます。

表	裏
No 遊漁承認証 下記の通り遊漁を承認します。 記 遊漁者　（住所） 　　　　（氏名）　（年令） 承認期間 魚　　種 漁具・漁法 遊漁区域 遊漁料 発行者 ○○川漁業協同組合　㊞	注意事項 1 2 3

(3)　遊漁規則の認可の要件

遊漁を不当に制限しないこと，遊漁料の額が妥当であること
の二つの要件を満たしている場合にのみ認可される

前述したように遊漁規則は，都道府県知事の認可を受けなければ，その効力を生じません。

知事は，漁業権者である内水面漁業協同組合から遊漁規則の認可申請が提出された場合は，遊漁を不当に制限するものでないこと，および遊漁料の額が当該漁業権に係る水産動植物の増殖および漁場の管理に要する費用の額に比べて妥当であることの二つの要件を満たしているときは，漁業法（第129条第５項）の規定によって認可をしなければならないことになっています。

(ア)「遊漁を不当に制限するかどうか」の判定

河川等の内水面における第５種共同漁業権については，内水面の公共的性格から，遊漁者の遊漁について当該漁業権者が一方的に制限を加え，遊漁を実質的に不能にすることはもちろん妥当のことではありません。漁業法（第129条）は，この趣旨を明確に規定したものであって，水産庁の通知（昭和37年11月10日37水漁第6464号水産庁長官「遊漁規則の作成及び認可について」）によれば，「遊漁を不当に制限する」とは，資源の維持，漁業紛争の防止，その他組合員の当該漁業権に対する生活依存度を考慮して行う最小限度の制限以外の制限をいうものであるとされ，次のように指導されています。

① 組合が漁業権行使規則で組合員に課している一般的制限，たとえば漁場の区域，採捕期間，体長または採捕尾数の制限等を遊漁者に課することは不当ではない。

② 資源の維持，漁業紛争の防止等からみて，採捕者の数を制限する必要があり，かつ漁業権行使規則で特定の漁法の使用を特定の資格を有する組合員にのみ認めて一般組合員には制限している場合には，遊漁者に当該特定漁具，漁法の使用を禁ずることは不当ではない。

③ 組合が漁業権行使規則で特に組合員に対して漁具，漁法を制限していない場合は，水産資源または漁業調整上著しい支障がない限り，遊漁者に対して当該漁具，漁法を制限することは不当である。

④ 従来，慣行として容認されていた特定漁具，漁法による遊漁については，資源維持または漁業調整上著しい支障のない限り，当該漁具，漁法による遊漁を実質的に不可能にするような制限を加えることは不当である。

(イ)「遊漁料の額が妥当かどうか」の判定

前述の水産庁長官の通知では，次のように指導されています。

① 遊漁料の額が妥当かどうかの判定の基準となる「水産動植物の増殖及び漁場の管理に要する費用」には，種苗または親魚購入費，放流費，漁場保護費等，組合が増殖および漁場管理に直接必要とする費用はもとより，これらの増殖，管理事業に要する人件費，事務費等の間接費，およびその他遊漁者の便宜のために直接必要とする費用等をも含むものである。この場合，組合が経済事業等の事業を行うときは，これらの事業との共通費用の配分が問題となるが，これについては，当該増殖事業に従事する職員の員数，その従事する程度，事務の内容等から具体的に配分決定する。

なお，補償要求のための会議費等は，増殖および漁業管理に関係ない経費であるので，これらについてまで課すことは妥当でない。

② 遊漁料の額が妥当かどうかについては，①により，水産動植物の増殖および漁場の管理に要する費用の算定が妥当に行われているかどうか，当該漁場を利用する組合員の負担額と遊漁料との間に当該費用が実質的にみて公平に配分されているかどうか等によって判断されるものである。この場合において，組合員の負担額と遊漁料との間に当該費用が実質的にみて公平に配分されているかどうかは，それぞれの漁場利用度，すなわち，人数の比率，採捕日数の比率，あるいは漁獲量の比率等を勘案して判断されるものである。

第４章　内水面漁場管理委員会

海区漁業調整委員会と同様の権限と機能を有した内水面漁業に対する機関である

内水面においても，前述したような海における海区漁業調整委員会と同様な権限と機能を有した内水面漁場管理委員会が設置されています。しかし，内水面は，漁業を営まない採捕者や遊漁者が多いこと，増殖が必要な水面であることという特性があるので，この点が委員会の中にも取り入れられております。

(1)　委員会の設置

水産動植物の採捕および増殖に関する事項を処理するために，都道府県ごとに設置される

内水面漁業を管理する機構として，都道府県ごとに内水面漁場管理委員会を設置し，農林水産大臣および都道府県知事の監督下に，採捕および養殖に関する事項を処理します。

海区漁業調整委員会の場合は漁業法（第83条）で「漁業に関する事項を処理する」と規定されているのに対し，内水面漁場管理委員会の場合は漁業法（第130条第3項）で「水産動植物の採捕及び増殖に関する事項を処理する」と表現を変えて規定しています。このことは，内水面においては漁業を営んでいないが自家用としてあるいは遊漁のために水産動植物を採捕する者が多いので，採捕と規定したのです。前述のとおり内水面漁業における増殖の必須性と，これに対する内水面漁場管理委員会の役割の重要性に鑑み，増殖もあわせて規定したものです。

なお，漁業法の中で，「海区漁業調整委員会が行う」と海区漁業調整委員会の権限として規定されている条文は，すべて内水面漁場管理委員会と読み替えて準用されます。

(2)　委員会の構成

漁業者以外の単なる水産動植物の採捕者（遊漁者）の代表も必ず委員に加えなければならない

内水面漁場管理委員会の委員は，

① 当該都道府県内の内水面において操業する漁業者を代表すると認められる者

② 同内水面において水産動植物を採捕する者を代表すると認められる者

③ 学識経験がある者

の中から選任されます。これらは，どの分野の代表から何名と固定的に規定されてはいないので，県内の内水面漁業の実態に応じて知事が決めることとなりますが，委員会の公正かつ円滑な運営を図るうえから，特定の分野に片寄らないようにすることが必要です。

また，海区漁業調整委員会の場合と異なり，すべて知事選任で選挙の形式がとられなかったのは，第1に内水面の利用形態が複雑なため選挙がはなはだしく困難であること，第2に内水面の漁場管理が資源の保護増殖を最大の目標としているから，単に技術的問題ばかりでなく，公益上の見地から処理しなければならない場合が多いからです。

なお，人数は，原則として10名ですが，内水面の複雑性に応じて農林水産大臣が告示によって増減できるようになっています。現在，北海道18人，群馬県，埼玉県，長野県，岐阜県がそれぞれ13人，東京都，富山県，大阪府，鳥取県，佐賀県，長崎県，沖縄県がそれぞれ8人となっています。

第６編　漁業と補償

漁業補償については，一般に多くの誤解があるように思います。たとえば，

①「漁業法があるために漁業補償は高い。」

—漁業法は，補償には無関係の法律です。

②「漁業権者に補償して海を買った。」

—漁業権は海の支配権でも，所有権でもありません。売買の対象にはなりません。

③「永久補償された海であるので，再度免許されない。」

—漁業補償された海面であっても公有水面に変わりありません。関係の法律はすべて適用され，漁業法第11条第１項の規定に基づいて必要がある場合には知事は漁場計画を樹立しなければなりません。

などですが，本編ではこのような問題等について説明します。

第１章　補償の根拠

損失補償と損害賠償（憲法第29条第３項と民法第709条）

海面を埋立てしたり，海面に工作物を設置したりなど，公権力の行使によって，そこで営んでいる漁業に対して損失を与えた場合には，これに対して補償の請求ができることはもちろんです。また，不法行為により損害を受けた者も同様に補償を請求することができます。こ

れらの法律的な根拠は，次の憲法または民法の規定によってできるのです。

憲　法

第29条　財産権は，これを侵してはならない。

3　私有財産は，正当な補償の下に，これを公共のために用ひることができる。

民　法（不法行為による損害賠償）

第709条　故意又は過失によって他人の権利又は法律上保護される利益を侵害した者は，これによって生じた損害を賠償する責任を負う。

公の目的のために権利を用いる場合は，憲法第29条第3項をふまえ公権力の主体は，それによって生じた損失を補償しなければならないのです。

また，民法の規定によれば，故意または過失によって他人の権利を侵害した者は，被害者に対して，それによって生じた損害を賠償しなければならないのです。この場合の「他人の権利の侵害」といっている「権利」とは，法律に権利として規定しているものに限らず，もっと実態的に考えて，社会通念上保護されるべき正当な利益という意味です。したがって漁業の場合，単に漁業権漁業だけではなく，許可漁業であっても，自由漁業であっても，すべてその権利を侵害され損害を受けた場合には，その受けた損害に対して補償を請求する権利があるのです。

民法の損害賠償は，不法行為による損害が発生した後のことを規定しており，いわゆる事後補償ですが，現実には埋立て事業等の円滑な実施を図るために，その工事が実施される前に，すなわち損害発生前に補償が行われるのが通常です。この場合は，工事中や工事が完成後に漁業に与えるであろう損害の額を算定して，いわゆる事前補償を行うわけです。これらに対する補償の基準について，次の章で説明します。

第2章　補償の基準

「公共用地の取得に伴う損失補償基準要綱」は，一般の補償基準にも参考にされる

海面等における埋立て，工作物の設置等を行う行為は，そこで漁業を営んでいる者にとって，生活の場としての漁場を失ったり，あるいは操業を制限されたりするので深刻な問題です。したがって，補償にあたっては当事者で十分時間をかけて話し合いを行い，双方にとって納得のうえで契約を結ぶのが原則です。しかしながら，各起業者等において個別に補償基準を定めていたのでは，いろいろと問題が多く，政府では補償を円滑かつ適正に行うための基準として，1962年6月の閣議決定により「公共用地の取得に伴う損失補償基準要綱」を定めました。この補償基準要綱は，土地収用法その他の法律によって土地，漁業権等の収用がなされることを前提としての，公共事業の用地の任意買収等の場合の補償基準を定めたものですが，広く一般の公共事業の実施の場合にも，この要綱によって補償を行うこととされており，また一般の補償のあり方，やり方の例示を行ったものとして参考にされております。次にこの要綱の補償基準について説明いたします。

1　漁業権（入漁権を含む）の場合

(ア)　漁業権の対価補償（漁業権は譲渡性がなく取引価格がないの

で，いわゆる収益価格によっています)。

① 消滅する漁業権に対しては，その漁業権を行使することによって得られる平均収益を資本還元した額を基準とし，当該権利に係る水産資源の将来性等を考慮して算定した額が補償されます（補償基準要綱第17条)。

② 制限する漁業権に対しては，消滅するものとして前項により算定した額に，当該権利の制限の内容等を考慮して適正に定めた割合を乗じて得た額が補償されます（同第22条)。

(イ) 通損補償（漁業権等の消滅または制限により通常生ずる損失の補償)

① 漁業を廃止することになる場合は，

a 漁具等の売却損，その他資本に関する通常損失額および解雇予告手当相当額，その他労働に関する通常損失額

b 転業に通常必要とする期間（漁業者の場合，各起業者が細則において4年以内と定めるのが通常です。）中の従前の所得相当額（法人の場合は，従前の収益相当額)

が補償されます（同第38条)。

② 漁業を一時休止することになる場合（同第39条）および漁業の経営規模を縮小しなければならない場合（同第40条）には，各々通常生ずる損失額が補償されます。

2　許可漁業，自由漁業の場合

漁業権漁業以外の自由漁業または許可漁業においても，当該漁業の利益が社会通念上，権利と認められる程度にまで成熟しているものについては，漁業権の場合と同様に補償が行われます（同第2条第5項)。

3　その他の場合

漁業権等の消滅または制限により，漁業者に雇用されている者が職を失う場合には，再就職するまでの期間中所得を得ることができないときは，これらの者の請求により，再就職に通常必要とする期間（細則において1年以内と定めています。）中の従前の賃金相当額の範囲内で妥当と認められる額が補償されます（同第46条）。

また，このような補償によって漁業者の受ける損失が補填されることとなりますが，さらにわが国における就職難，代替地の取得難等の現状から，必要のある場合には，職業の紹介，指導，土地建物の取得の斡旋等，生活再建について特に考慮することになっています（本要綱の施行についての閣議了解事項第2)。

次に，補償額算定方式について，いわゆる電発方式（収益から自家労賃を差し引かないもの）も含めて次に掲げます。

(ア)　漁業権の消滅

$$\frac{\text{粗収入}-\text{経費(自家労賃を含む)}}{\text{利率}(0.08)}=\text{年純益}\times 12.5\text{年}$$

これに，水産資源の将来性等を考慮した額

(イ)　漁業権の制限

$$\text{消滅の算定額}\times\left\{\text{被害率}\times\frac{(1+\gamma)^n-1}{(1+\gamma)^n}\right\}$$

γ ＝利率，n ＝制限年数

(ウ)　電発補償方式

$$\frac{\text{粗収入}-\text{経費(自家労賃を含まない)}}{\text{年利率}(0.08)}\times 80\%=\text{年収益}\times 10\text{年}$$

第3章　漁業権漁業と補償

漁業権は売買の対象とはなり得ない

漁業補償は，前述したように憲法第29条第3項または民法第709条の規定に基づいて，漁業に与えた損失または損害に対して行う損失補償または損害賠償をいいます。しかし，公権力の主体が適法な公権力の行使により海面の埋立てや工作物の設置等を行う場合は，事業を円滑に進めるために，事前に漁業に与えるであろうと想定される損失額を補償する事前補償が行われます。このことは，漁業権漁業といえども他の漁業と全く同様です。

漁業権は，物権とみなされ準物権として取り扱われていますが，土地のように有体物ではなく，土地所有権が土地を直接支配し所有するような権利であるのとは異なっています。漁業権は，水面を直接に支配したり，所有する権利ではなく，当該漁業を営む権利で，いわば水面の「利用権」です。しかも漁業権は全く売買の対象とはなり得ないものです。

そもそも海は所有権の対象とはなり得ないことは，前述したとおりです。このことに関連した昭和61年12月の愛知県日京湾干潟訴訟の最高裁判所の判例を再度次に掲げます。

「海は社会通念上，海水の表面が最高高潮面に達した時の水際線をもって陸地から区別されている。そして海は，古来より自然の状態のままで一般公衆の共同使用に供されてきたところのいわゆる公共用物であって，国の直接の公法的支配管理に服し，特定人による排他的支配の許されないものであるから，そのままの状態においては，所有権の客体である土地には当たらないというべきである。」

また，河川法の適用河川においても，私人の所有権の対象にならないことは海と同様です。参考までに次に法務省の見解（昭和34年6月民事甲第1268号法務省民事局長福島県知事あて「河川法を準用すべき河川の敷地についての土地台帳上の取扱いについて」）を掲げます。

「所問の土地（河川法第3条の規定の適用河川）でその全部又は一部が春分又は秋分における満潮時に海面下に没するものであるときは，土地所有者の申告又は登記所の職権調査により土地台帳上滅失の処理をすべきである。」

さらに，漁業補償によって漁業権を一部または全面放棄した海面（内水面）であっても，このことには関係なく，その水面は公有水面であって，各種の海の法令の適用水面に変わりはないのです。それぞれの関係法令に基づいて行政行為が行われるのは当然です。これに関して，昭和47年9月水産庁漁政部長から都道府県の水産関係部長あてに通知が出されているので次に掲げます。

「漁場計画は公共の用に供する水面につきその総合利用を図り，漁業生産力を維持発展させるため，漁業の免許をする必要があると認められる場合には，既存漁場たると新規漁場たるとを問わず漁業調整その他公益に支障を及ぼさない限り定むべきである。漁業権を免許する必要のない場合を除き安易に私人間の水面利用の合意をそのまま認めて，永久補償がなされた水面を漁場計画から除外するのは妥当でない。」

この水産庁の通知のように，たとえ私人間で永久補償がなされた水面であっても，漁業法は適用され，公有水面として自由漁業，許可漁業は行われ，必要があれば漁業権の免許もされるのです。

第4章　公益上の取消し等に対する補償

発動された例はほとんどなく，事前に関係の公共機関と漁業者との話し合いにより実質的に解決している

漁業法（第39条第1項）では「漁業調整，船舶の航行，てい泊，けい留，水底電線の敷設その他公益上必要があるときは，都道府県知事は，漁業権を変更し，取消し，又は行使の停止を命ずることができる。」と規定しています。漁業調整上その他公益上必要があるときは漁業権の取消し等ができることになっていますが，公益の意味については第2編の「漁場計画」のところで説明したことと同趣旨で，限定的に運用されるべきです。そして，「都道府県は，第1項の規定による漁業権の変更若しくは取消し又はその行使の停止によって生じた損失を当該漁業権者に補償しなければならない。」（同条第6項）と規定されています。これは，処分自体は漁業調整その他公益上必要であっても，権利者の意思に反して物権とみなされる漁業権について処分し，その結果の負担を権利者に負わせるべきでないからです。

都道府県知事が行う漁業権の変更，取消し等の事務（第1項および第2項）は従来は国の機関委任事務でしたが，平成11年7月にこれらの制度は廃止され，これらの事務は都道府県の自治事務とされ，当該事務の帰属主体である都道府県が補償主体となりました。

補償すべき損失は，処分によって通常発生すると思われる損失ですが（同条第7項），この算出方法は，第2章「補償の基準」を参照してください。なお，都道府県知事は，補償の額については，海区漁業調整委員会の意見をきいて決定することになっています（同条第8項）。

補償するのは都道府県ですが，その処分によって利益を受ける者があるときは，受益者負担の思想によってその者に補償金額の全部または一部を負担させることができることとなっています。しかし，受益者負担に関する規定が実際に活用された事例は，現在のところありません。これは受益者が不特定多数でなく，特定人が受益者となっている場合には，この特定人と漁業者との話し合いが先行し，本法の規定をまつまでもなく，漁業権の放棄，変更等がなされているからです。また受益者が不特定多数の場合であっても，事前に関係の公共機関と漁業者の話し合いにより実質的に解決され，本法が発動された例は，現在まで漁業法制定当時において次の2例があったにすぎません。

(ア)　兵庫県神戸港内漁業権に関するもの

対象漁業権番号　共第517号および共第518号（取消）
共第10号および共第11号（変更）
取消，変更年月日　昭和27年8月1日
政府補償金　20,433千円

(イ)　香川県坂出港内漁業権に関するもの

対象漁業権番号　共第75号（取消）
共第21号および共第41号（変更）
取消，変更年月日　昭和27年12月1日
政府補償金　10,247千円

なお，指定漁業についても，漁業権の取消し等の規定は漁業法（第63条）によって準用され，農林水産大臣は水産動植物の繁殖保護，漁業調整その他公益上の理由によって許可の取消し等ができ，この場合には同様に補償をすることとなっています。

第７編　漁業と遊漁

海面や河川・湖沼等の公有水面において行われる水産動植物の採捕について，大きく分けると次のような三つの形態があります。すなわち

①　漁業のための採捕

②　試験研究および教育・実習のための採捕

③　遊漁のための採捕

です。これらは同じ公有水面において，同じ生物資源である水産動植物の採捕を行うもので，資源の保護上，また漁場における秩序の維持を図るうえでも非常に関係が深いものです。したがって，漁業と遊漁との制度上の関係事項については，それぞれの項において説明して参りましたが，重要な問題であるので，さらに，本編でまとめて記載することとします。

なお，水産基本法（193頁参照）では，「漁業者以外の者であって，水産動植物の採捕及びこれに関連する活動を行うものは，国及び地方公共団体が行う水産に関する施策の実施について協力するようにしなければならない。」（第６条第２項）と規定されています。この場合の「漁業者以外の者であって，水産動植物の採捕及びこれに関連する活動を行うもの」とは，遊漁者，遊漁船業者等をさしており　遊漁者，遊漁船業者等も国および地方公共団体が行う水産に関する施策の実施についての協力義務が定められています。

第１章　遊漁の現状

国民のレジャー志向の進展に伴って，遊漁人口は大きく増大の傾向にある

国民生活の向上，週休２日制の導入による労働時間の短縮などに伴い，余暇の有効利用に対する意識が向上し，レジャーが心の豊かさをもたらすものとして，国民生活の中に定着しています。

特に，わが国は四方が海に囲まれていることから，マリンレジャーに対する関心が高まってきましたが，その中で釣りを中心とする遊漁はもっとも代表的なマリンレジャーの一つとなっております。このことは，河川や湖沼等の内水面においても同じような傾向があります。遊漁人口は過去に一貫して増大し，今後もさらに増大化の傾向をたどるものと予想されます。

しかし，遊漁の増大化傾向の中にあっても，種類別にみると必ずしも一様ではありません。釣りが全体の約80％を占めていますが，このうち船釣り（案内業者船の利用者，プレジャーボートの利用者）が約40％，陸釣り（磯釣り，砂浜釣り，防波堤釣り，釣り公園等）が約60％となっています。これらのうち特徴的なのは，案内業者船の利用が減少の傾向であるのに比べて，プレジャーボート（自家用船）の使用が顕著に増大していることです。

船釣り（上）と防波堤釣り（下）

アユ釣り風景

第2章　遊漁の概念

レクリエーションを目的として水産動植物を採捕する行為をいう

海面における「遊漁」という概念は，必ずしも明らかではありません。それは時代によって，立場によって異なっています。従来は漁業の視点から，これと漁場において競合する水産動植物の採捕行為はすべて遊漁としてとらえられていました。すなわち，およそ漁業を営んだり，あるいは漁業のための試験研究・教育実習のために水産動植物を採捕する以外の行為は，すべてこの場合の遊漁の範ちゅうとして包括されていました。これらの概念は漁場の調整を図るうえから，漁業の視点から「漁業者が漁業を営むためにする場合もしくは漁業従事者が漁業者のために従事する場合または試験研究もしくは教育・実習のためにする場合以外のすべての水産動植物を採捕する行為をいう。」(昭和47年5月47水漁第3111号水産庁長官通知「海面における遊漁と漁業の調整について」）と定義づけられています。

しかし，最近，国民の余暇時間の増大につれて，遊漁は国民の健全なレジャーの手段として位置づけられるようになりました。このために，遊漁を従来のように漁業の視点からではなく，遊漁の視点からとらえ，「レクリエーションを目的として水産動植物を採捕する行為をいう。」と定義づけています。

このことは，行政庁の施策の面においても，従来は遊漁を主として漁業に対する調整の面からのみ取り上げていたのに対し，最近ではそれだけではなく，前述したように，国民の健全なレジャーとして育成する面からも取り上げられるようになりました。

遊漁の内容ですが，前述のように釣りが大半を占めていますが，海面においてはこのほか潮干狩，潜水，地びき網，たも網，投網等があります。

遊漁者，特に釣り人には二つのタイプがあり，かりに名づけてみると一つはマニアタイプ（日本型）で，他はマルチレジャータイプ（欧米型）です。

魚食になれ親しんできた日本人は，魚に対して欧米人とは異なった考え方を持っています。遊漁についても，魚類等をただ採捕することを楽しむだけではなく，採捕した新鮮な魚等を食べることをも一つの重要な目的としており，より旨い，より高い，より大きいものを，より多く釣ろうとする傾向にあります。これらの遊漁者は，特定の場

マルチレジャータイプの釣り

所，特定の魚種に集中して釣獲し，しばしば水産資源保護のうえからも，漁業調整のうえからも競合を生じやすいタイプです。

一方マルチレジャータイプは，若者を中心とし，釣果のみにこだわるのではなく，海洋レジャーを総合的に楽しもうとする新しいグループです。これらの人たちは，欧米型のスポーツフィッシングとしてキャッチアンドリリースをしながら釣りも楽しむタイプで，最近の海洋レジャー志向に伴って大きく増大しています。

前述したように最近の釣り人口が増えているのは，主として後者によるものです。このタイプは，多くは遊漁案内業を利用しないでマイボート等を利用して行われています。その理由は，こうした人々のニーズに適合したような総合的な受入れ体制が必ずしも十分でないためです。そして，このタイプの遊漁の増加につれて，マイボートの係留場所や海上でのトラブルがだんだんと増えております。この問題を解決する方法の一つとして，これらの人々のニーズを十分満足させるようなプロの遊漁船業者による受入れ体制を早急に確立することが望まれるところです。

第３章　遊漁の制度

内水面と海面では取り扱いが全く異なっている

遊漁に対する取り扱いは，内水面と海面については大分その態様が異なっています。

内水面特に河川においては，昔から漁業を営む者すなわち漁業者に比べて，レクリエーションを目的とした遊漁者あるいは自家用食料としての採捕者の数が圧倒的に多く，戦後の漁業制度も海面と異なり，このような実態に対応して漁業者以外の一般の採捕者をすべて包括した制度になっています。これらの内容については，「第５編内水面漁業制度」において説明しましたが，要約すると次のようになります。

まず，水産業協同組合法に基づく内水面漁業協同組合の組合員の資格要件が，海面の場合と全く異なり，河川の場合は漁業者あるいは漁業従事者だけでなく，一定の資格を有する者は一般の水産動植物の採捕者すべてに与えられています。一方，増殖可能の魚種については増殖義務を課したうえで漁業協同組合に第５種共同漁業権を設定して，組合員以外の遊漁者に対しては遊漁規則を定めて一定の規制のもとに漁業権の管理料に見合った遊漁料を徴収したうえで広く利用させています。さらに，各都道府県の内水面漁業調整規則では，漁業者以外の一般の採捕者についても，すべて一律に規制の対象とした規則になっています。一方，内水面漁場管理委員会の構成メンバーの中には，海区漁業調整委員会の場合と異なり，漁業を営む者のほか一般の採捕者（遊漁者）の代表も入れることとなっています。このように内水面，特に河川の漁業制度は，また遊漁制度そのものでもあるわけです。

このような内水面の遊漁に対する制度に比べれば，海面の場合においては，その中心となる釣り等についてもほとんど制度的なものはなく，その対応が大分違っております。欧米においては，遊漁に対するライセンス制が設けられたり，あるいは尾数制限，体長制限などが行われています。日本でも特殊な魚種，漁法等については法令等によって資源保護上からの規制が行われているものもあります。

遊漁に関連して現在行われている主な規制措置や調整の方法について，まとめて以下で述べることにいたします。

1　水産資源保護法

水産資源の保護培養を目的として定められた法律（第２部参照）ですが，この中で直接遊漁を規制した主なるものを上げます。

①　爆発物を使用してする水産動植物の採捕の禁止（第５条）

②　まひさせ，または死なせる有毒物を使用してする水産動植物の採捕の禁止（第６条）

③　内水面におけるサケの採捕禁止（第25条）

上記のように，ダイナマイトのような爆発物を利用したり，有毒物を利用して魚介類をとることは，全面的に禁止しています。また，サケは海においては，特定の場所以外は釣りができますが，河川などの内水面においては，免許または許可を受けた者を除いて一般には禁止されています。

2　遊漁船業の適正化に関する法律

昭和63年12月23日に本法（昭和63年法律第99号）が公布されました。その目的とするところは「遊漁船業を営む者について登録制度を実施し，その事業に対して必要な規制を行うことにより，その業務の適正な運用を確保するとともに，その組織する団体の適正な活動を促進することにより，遊漁船の利用者の安全の確保及び利益の保護並びに漁場の安定的な利用関係の確保に資することを目的とする。」と規定されています（法第1条）。

「遊漁船業」とは，船舶により乗客を漁場に案内し，釣りその他の方法により水産動植物を採補させる事業をいいます（法第2条第1項）。漁業と遊漁船業は，同じ海で水産動植物を対象とする職業ですが，漁業は「水産動植物を採補する事業」であって第1次産業（生産業）であるのに対し，遊漁船業は「水産動植物を採補させる事業」であって第3次産業（サービス業）に属するものです。

遊漁船業を営もうとする者は，その所在地を管轄する都道府県知事の登録を受けなければなりません（第3条第1項）。もし，遊漁船業の登録を受けないで遊漁船業を営んだ者は，3年以下の懲役もしくは300万円以下の罰金に処し，またはこれを併科することが罰則で定められています（第28条）。

3　瀬戸内海漁業取締規則（昭和26年農林省令第62号）

○　体長9センチメートル以下のマダイは，毎年7月1日から9月30日までの期間は全面的に採捕禁止（第8条）

瀬戸内海の海域においては，上記のように農林省令によって，マダイの期間による体長制限が行われています。

4　漁業調整規則

漁業法（第65条第1項）および水産資源保護法（第4条第1項）に基づいて，各都道府県で海面には漁業調整規則，内水面には内水面漁業調整規則を制定していますが，この中で遊漁を規制する規定がいくつかあります。これらの内容は，都道府県によっていくらか異なった部分がありますが，参考までに一般的に行われている主なものを以下に掲げます。

① 水産動植物に有害な物の遺棄または漏せつの禁止

前述の水産資源保護法第6条の規定は水産動植物の採捕の目的をもって有毒物を使用することを禁止しているのであって，水産動植物を採捕する意志がなくして単に有毒物を海面や内水面に遺棄し，または漏せつ（漏らしたり垂れ流したりすること）した場合は，水産資源保護法第6条の適用の対象とはならないで，この調整規則（海面，内水面）の規定の適用を受け，罰せられることになります。

② 水産動植物の採捕の禁止期間

水産動植物の採捕の禁止期間は，その繁殖保護を図るうえから定められているもので，これらは主としてその産卵期もしくは発芽期またはその前後期を指定して禁止しています。海面においては，アカガイ，アワビ，ハマグリ，テングサ，ワカメ，イセエビ，ナマコなどほとんどは第1種共同漁業の内容となっており，遊漁者は禁止期間でなくても共同漁業権者の同意がなければ採捕することはできません。内水面においては，イワナ，ニジマス，カワマス，アユなど第5種共同漁業権の内容になっているものが多く，もちろん禁止期間は採捕することはできませんが，それ以外は遊漁規則に基づいて遊漁料を払えば遊漁者でも採捕できることは前述したとおりです。

③　水産動物の体長等の制限

水産動物の繁殖保護を図るうえから，その体長（または全長，殻長，殻高）の制限をしているもので，一般には周年にわたって制限以下の水産動物の採捕を禁止しています。この場合も禁止期間と同様に海面においては第1種共同漁業の内容になっているもの，内水面においては第5種共同漁業の内容になっているものが多く，海面において一部の都道府県ではブリ，サケ，マス，ボラなどが制限されている場合もあります。

④　漁具・漁法の制限

これは，資源上問題のある漁法について漁業，遊漁にかかわらず全面的にそれによる禁止をしたもので，各都道府県とも海面においても，内水面においても禁止しているものとして次のものがあります。

○水中に電流を通じてする漁法

この「電流」による漁法は，前述の水産資源保護法による「爆発物」および「有毒物」による漁法とともに資源を根こそぎに減らす漁法で，日本では内水面，海面を問わずどこでも，また漁業，遊漁を問わず誰に対しても全面的に禁止している三つの漁法の一つです。

⑤　遊漁者等の漁具・漁法の制限（海面）

この規定は，海面の漁業調整規則にだけ規定されています。この場合の遊漁者等とは，「漁業者が漁業を営む場合，漁業従事者が漁業者のために従事してする場合および試験研究のために水産動植物を採捕する場合以外の採捕」をいいます。この場合には，都道府県によって少しは違いますが，一般には次の漁具または漁法によって水産動植物の採捕をすることだけができ，それ以外の漁具・漁法を禁止しています。

○竿釣りおよび手釣り，たも網およびさで網，投網（船を使用しないもの），やす，は具，徒手採捕

なお，この場合に注意すべき点は，空釣りこぎ（文鎮こぎ，空釣りこぎ）は，釣漁法ではありませんので，遊漁者がこれを使って魚介類を採捕することはできません。また，簡易潜水器（アクアラング）を使用して魚介類を採捕することは，一つの漁法であるので遊漁者がたとえば，やすやもりを使ってこれと併用して魚介類を採捕することは禁止されています。しかし，素潜りで魚類をやすで採捕するのはできますが，貝類やイセエビ，ウニ，ナマコ等の第１種共同漁業権の内容になっているものは漁業権侵害になるので，前述したように，これとは別の理由で採捕できません。

また，まき餌釣りについて昔から全面的に禁止している県が多く，これらは実質的な取締りは全然行われておらず，このことがかえって重要な水域における管理措置の導入が困難という問題が生じております。このために，水産資源等の理由で本当に必要な場合に限って水産動物の採捕を区域や期間を限定して規制することで取締りの重点化が可能となり，漁業者にとっても重要漁場についての管理が徹底されることが期待されます。したがって水産庁でも実態に応じて県一円のまき餌釣りの禁止措置は改正するよう指導しています。

さらに，ひき縄釣り（トローリング）については，都市と漁村との交流促進策として地方公共団体等が後援・協力するカジキ等のひき縄釣り大会が各地で開催され，なかには，漁協等が大会開催等の一翼を担っている事例もあります。また，遊漁船業での利用の実態等もあることから，遊漁で一律に禁止することには問題があり，漁業との調整が必要な場合には，調整規則や海区漁業調整委員会指示により，期間や海域を限定して隻数，操業方法等の規制を行うことが現実的であると水産庁でも指導しています。

⑥　外来魚の移植の制限（内水面）

内水面は非常に閉鎖的な水面です。その水面に棲息していない外来魚をかってに移植すると，これらが在来種を捕食等することによって資源上問題になることがあるので，特定の魚種については知事の許可を取らなければ移植することはできない規定です。

5　漁業調整委員会の指示

水産動植物の繁殖保護や漁場利用の紛争防止など，円滑な漁業調整を行うための機関として，海面には海区漁業調整委員会，河川・湖沼等の内水面については内水面漁場管理委員会があること，およびこれらの内容については第４編で説明したとおりです。前述の法律やこれに基づいて定められた規則等では，資源上や調整上の問題について，法令の枠内で一般的，固定的な規制がなされていますが，これ以外の緊急的，一時的な規制も必要で，法令の補完的な意味で委員会指示が出されることになっています。

漁業調整委員会は「漁業調整上必要があるときは，関係者に対し，水産動植物の採捕に関する制限または禁止，漁業者の数に関する制限，漁場の使用に関する制限その他必要な指示をする」ことができます。ここでいう関係者は漁業者だけではなく遊漁者も対象になります。これらについての詳細は，第4編をご覧下さい。

6　漁場利用協定

漁業と遊漁との紛争は，地方の実情によってかなりの差異がみられることから，実際にその漁場を利用している当事者が話し合い，双方の納得のいくかたちで，漁場の利用などについて合意を得ることが必要なことです。

第4編第3章で説明しましたように，漁業法では規定されていませんが，水産庁から都道府県に対する助成によって設置されている海面利用協議会，海面利用地区協議会，広域海面利用連絡会議では，委員の構成員として漁業者のほかに，連漁関係者の代表，海洋レクリエーション関係者の代表者も入っていますので，これらの機関を利用して協議し，調整を図ることも必要です。

また，昭和58年に沿岸漁場整備開発法（第24条～第26条）の一部が改正され，漁業団体（漁業協同組合）と遊漁船業団体または遊漁団体との間で，漁場利用協定を結ぶことができる制度ができました。

協定の内容は，操業区域，操業時間，対象魚種，漁具・漁法の制限などについて，それぞれ守るべきことを定めるものです。相互理解のもとに結ぶ契約ですので，紛争の解決が図られるのはもちろん，ルールの確立につながりますが，その促進のためには，遊漁団体，遊漁船業団体でなければ個人では協定を結ぶことができないので，これらの組織化を図ることが緊急の課題です。

第2部　水産資源保護法

昭和26年12月17日に「水産資源保護法」(昭和26年法律第312号，略称「保護法」)が公布されました。この法律は，水産資源の保護培養を図り，かつ，その効果を将来にわたって維持することにより，漁業の発展に寄与することを目的として定められたもので，漁業制度に関する法律として，漁業法とともに重要な法律であります。

第1章　保護法の制定経過

資源保護に関する旧漁業法等の規定に新しく積極的規定を加えて制定した

昭和26年2月12日に当時の占領軍総司令部天然資源局長より日本政府に「日本沿岸漁民の直面している経済危機とその解決策としての五ポイント計画」が勧告され，その中で「各種漁業に対し，堅実なる資源保護法制を整備すること」が指摘されました。これを受けて衆議院水産常任委員会で立案し，第12回国会で可決制定されました。これにより，従来あった「水産資源枯渇防止法」の規定が受け継がれ，また，漁業法で規定されていた条文の中から「水産動植物採捕制限等に関する命令」(第4条)，「漁法の制限」(第5条・第6条・第7条)，「さく河魚類の通路の保護」(第22条・第23条・第24条)が移されたほか，新しく資源の積極的な維持培養を図るため，「保護水面」および「さけ・ます類の国営人工ふ化放流」等に関する諸規定を設け，これらを統合一元化して水産資源の保護培養に関する制度を定めたものです。

その後，水産動物の種苗の輸入の増加に伴い，新たな外来病原体が侵入し，わが国養殖業に大きな被害が生じるケースが見られるようになってきました。たまたま平成6年11月16日に国連海洋法条約が発効することになりましたが，同条約の第196条で「いずれの国も，……海洋環境の特定の部分に重大かつ有害な変化をもたらすおそれのある外来種または新種の当該部分への侵入を防止し，軽減し，規制するために必要なすべての措置をとる。」と規定されております。

このような状況下において，政府は，保護法を改正し「水産動植物の種苗の輸入防疫制度」を創設することとし，平成8年6月14日に「水産資源保護法の一部を改正する法律」（平成8年法律第78号）が公布され，7月20日施行されました。

第2章　水産資源の保護培養

資源保護培養のための各種の制限措置の規定である

(1)　水産動植物の採捕制限等

都道府県漁業調整規制，特定大臣許可漁業等の取締りに関する省令等の根拠規定である

農林水産大臣または都道府県知事は，水産資源の保護培養のために必要があると認めるときは，次に掲げる事項に関して，省令または規則を定めることができることになっています（第4条第2項）。

一　水産動植物の採捕に関する制限

二　水産動植物の販売または所持に関する制限または禁止

三　漁具または漁船に関する制限または禁止

四　水産動植物に有害な物の移棄または漏せつその他水産動植物に有害な水質の汚濁に関する制限禁止

五　水産動植物の保護培養に必要な物の採取または除去に関する制限または禁止

六　水産動植物の移植に関する制限または禁止

水産資源保護に関する講習会
（水戸において，著者）

この規定は，漁業法の第65条第2項の規定に類似していますが，漁業法の場合には「漁業調整のため」と規定されているのに対して，保護法の第4条第2項は「水産資源の保護培養のため」と規定されており，漁業調整と水産資源の保護培養とは表裏一体をなす事項で，都道府県規則または農林水産省令は両方の規定に基づいて定められています（67頁，72頁参照）。

⑵　漁法の制限

爆発物や有毒物を使用する漁法等は禁止されている

爆発物を使用しての水産動植物の採捕は禁止されています。ただし，海獣捕獲（たとえば捕鯨業）の場合に限り除かれています（第5条）。また，水産動植物をまひさせ，または死なせる有毒物を使用しての水産動植物の採捕も禁止されています。この場合に，農林水産大臣の許可を受けて内水面で採捕するものに限り除かれています（第６条）。いずれの方法も水産動植物を根こそぎ採捕するおそれがあり，水産資源保護上問題が大きいので禁止されているのです。

また，これらの規定に違反して採捕した水産動植物は，これらを所持し，または販売することも禁止しています（第７条）。この理由は，採捕の禁止だけでは取締りの徹底が十分に期せられないために，所持，販売までも禁止しているのです。

第３章　水産動物の種苗の輸入防疫制度

海外からの魚病の侵入を防ぐための制度である

(1)　制度の概要

特定の種苗の輸入に対して農林水産大臣の許可制度が導入されている

水産動物の種苗の輸入制度は，わが国に未侵入であるか発生地域を限定するために必要な措置が構じられている疾病であって，わが国に侵入した場合には重大な被害をもたらすおそれがあるものの侵入を防止するため，そのような疾病の病原体を持ち込むおそれのある水産動物の種苗の輸入について，農林水産大臣による許可制度を導入するものです。

⑵　制度の対象となるもの

特定の増殖・養殖用の種苗および容器包装が対象となる

輸入に際して農林水産大臣の許可が必要とされるのは，「輸入防疫対象疾病（持続的養殖生産確保法第２条第２項に規定する特定疾病に該当する水産動物の伝染性疾病その他の水産動物の伝染性疾病であって農林水産省令で定めるものをいう。）にかかるおそれのある水産動物であって農林水産省令で定めるものおよびその容器包装（当該容器包装に入れられ，または当該容器包装で包まれた物であって当該水産動物でないものを含む。）」です（第13条の2）。

1　対象水産動物

輸入防疫制度の対象となるのは，輸入防疫対象疾病および当該疾病にかかるおそれのある水産動物であって農林水産省令で定めるものをいいます（第13条の２第１項，施行規則第１条第２項）。

水産動物の伝染性疾病は，水を介して伝染するため，公共水面または公共水面に通ずる水面で行われる増殖または養殖の用に供する水産動物を輸入防疫制度の対象とすることとしたものです。

また，輸入防疫制度の対象となる増殖または養殖の用に供する水産動物の範囲を「省令で定めるもの」（別表）に限定しています（第13条の２第１項）。このことは，わが国に未侵入であるか発生地域を限定するために必要な措置を講じられている疾病であって，わが国に侵入した場合には重大な被害をもたらすおそれがあるものの侵入を防止するという本制度創設の趣旨に照らして，そのような疾病に感受性のある水産動物の種苗に限定して輸入防疫措置を講じることが適当であると判断されたためです。

対象水産動物の種苗および伝染性疾病

水産動物の種苗	伝染性疾病
コイの稚魚	コイ春ウィルス血症 コイヘルペスウィルス病
サケ科魚類の発眼卵および サケ科魚類の稚魚	ウィルス性出血性敗血症 流行性造血器壊死症 ピシリヤケッチア症 レッドマウス病
クルマエビ属のエビ類の稚 エビ	バキュロウィルス・ペナエイによる感染症 モノドン型バキュロウィルスによる感染症 イエローヘッド病 伝染性皮下造血器壊死症 モノドン型バキュロウィルスによる感染病

2　容器包装

「容器包装」とは，水産動物の種苗を輸送する場合に用いられる発泡スチロールの箱，ビニール袋，段ボール箱等であり，「当該容器包装に入れられ，または当該容器包装で包まれた物であって当該水産動物でないもの」とは，水産動物を生きた状態のまま運ぶために用いられる水，おかくず，氷等です。これらの「容器包装」を輸入防疫制度の対象としているのは，これらのものにも水産動物の伝染性疾病の病原菌が付着しているおそれがあり，水産動物の種苗と同様，輸入防疫制度の対象とすることが必要であるためです。

許可を受けようとする者は，当該水産動物の輸出国の政府機関によって発行された検査証明書またはその写しを添えて，農林水産大臣に許可申請を行います。申請書には，①水産動物の種類，②数量，③原産地，④輸入の時期，⑤輸入の場所，⑥荷受人および荷送人の住所氏名，⑦搭載予定地および搭載予定年月日，⑧搭載予定船舶（航空機）名，⑨仕向地，⑩その他参考となるべき事項を記載することが必要です（第13条の2第2項，施行規則第1条の2第2項）。

第４章　保護水面

産卵，成育等に特に適した水面を指定する

(1)　保護水面の定義

水産資源の保護培養のために必要な措置を構ずべき水面として指定した区域をいう

水産資源の保護培養を図るには，資源の再生産過程を通じ，稚魚の新規加入や個体の成長に伴う添加量と自然死亡量や漁獲による減少量とを対比しつつ，適切な措置をとることが必要です。

このために，保護法で保護水面制度が設けられております。

「保護水面とは，水産動物が産卵し，稚魚が生育し，又は水産動植物の種苗が発生するのに適している水面であって，その保護培養のために必要な措置を構ずべき水面として都道府県知事又は農林水産大臣が指定する区域をいう。」（第14条）と定義されています。

（備考）　本年度の資源量＝前年度の資源量＋新規加入量＋成長量－（自然死亡量＋魚穫死亡量）

(2)　保護水面の指定

都道府県知事および農林水産大臣がそれぞれ指定する

保護水面を指定する者は，都道府県知事の場合と農林水産大臣の場合があります。

1　報道府県知事の指定

都道府県知事は，水産動植物の保護培養のため必要があると認めるときは，保護水面の指定基準に従って，保護水面を指定することができます（第15条第1項）。

ただし，この場合に，都道府県知事は事前に農林水産大臣に協議し，その同意を得なければなりません（同条第2項）。

2　農林水産大臣の指定

都道府県知事だけでなく，農林水産大臣は，水産動植物の保護培養のために特に必要があると認めるときは，保護水面の指定基準に従って，保護水面を指定できます（同条第4項）。

この場合には，農林水産大臣は，指定をしようとする保護水面の属する水面を管轄する都道府県知事の意見をきかなければなりません（同条第5項）。

3　保護水面の指定基準

保護水面の指定基準は，農林水産大臣が水産政策審議会の意見をきいて定めることになっています（法同条第1項）。その内容は，次のとおり定められています。

①　現に水産動植物が，著しく繁殖しているか，または適当な保護培養方法を講ずることにより，水産動植物の繁殖を著しく促進できることが確実な水面

②　当該水面における水産動植物を保護培養することにより，他の水面における当該水産動植物の繁殖に貢献することが確実な水面

(3)　保護水面の管理

管理計画を定め，保護水面の管理が必要である

保護水面の管理者（当該保護水面を指定した都道府県知事または農

林水産大臣）は，次の３項目を含んだ管理計画を定め，保護水面の管理をしなければならないと定められています（法第17条第１項）。

① 増殖対象水産動植物の種類，その増殖方法および増殖施設の概要

② 採捕を制限または禁止する水産動植物の種類およびその制限または禁止の内容

③ 制限または禁止する漁具または漁船およびその制限または禁止の内容

また，管理計画の実施にあたっては，特に，①と②に関しては厳重な規制を加えるため，各都道府県の漁業調整規則に制限または禁止に関する規定を定めています。さらに水産資源の保護培養上必要な藻場内における漁業の禁止，保護水面内における岩礁の破砕，土砂，岩石の採取行為の制限等についても漁業調整規則に規定するとともに，必要な罰則の整備を行い，管理の徹底が期されています。

なお，保護水面の区域内において，埋立浚渫工事や水路，河川の流量または水産動植物の変更をきたすような工事をしようとする者は，管理者の許可等を受けなければならないことが定められているほか，必要に応じ勧告，命令による工事の制限措置が講じられています（第18条）。

第５章　さく河性魚類の保護培養

繁殖，成育のために，河川を広範囲に移動する重要魚類の資源保護に対する措置が必要である

サケ，マス類あるいはアユなどのようなさく河性魚類は，繁殖または

成育のための河川の相当広範囲な部分にわたって移動するので，これらの魚族の保護培養については特別な措置が必要であり，中でもサケ，マス類のようにその資源の維持保護が国際的な問題にまで高まっているものについては，特に慎重な配慮と手厚い資源保護措置が必要です。

(1)　水産研究・教育機構の人工ふ化放流事業

農林水産大臣が定めた実施計画に基づいて人工ふ化放流を実施する

サケ・マス類（陸封性のものを除く。）は，河川で産卵し，ふ化した稚魚は，降海して広範な回遊を行いながら成魚となり，沿岸，沖合あるいは遠洋で各種サケ・マス漁業の対象となります。しかし，2年ないし5年後に主として発生した河川を中心に回帰さく河して，産卵し，一生を終えるという特性を持った魚族です。親魚を産卵前に採捕しつくしては，次世代の再生産が絶え，サケ・マス類漁業資源が壊滅することになります。このようなサケ・マス類の資源の特性から，わが国では，河川，湖沼等の内水面でサケを採捕することが原則として禁止されています。ただし，漁業の免許を受けた者や保護法第4条および漁業法第65条第1項の規定による省令または都道府県漁業調整規則に定める手続きによって，農林水産大臣または都道府県知事の許可を受けた者が，その免許または許可に基づいてする場合には，例外的にサケの採捕が認められています（第25条）。同様に，マスについてもほとんどの都道府県では，漁業調整規則の中でその採捕を禁止しており，その採捕が認められるのは，サケの場合とおおむね同様の場合だけです。

「国立研究開発法人水産研究・教育機構」が放流を行う場合，農林水産大臣は，毎年度，ふ化放流事業を実施する河川，場所および放流数等の事項を内容とした実施計画を，あらかじめ水産政策審議会の意見をきいて定めることになっています。そして，農林水産大臣は実施計画を定めたときは，遅滞なく公表するとともに，同機構に通知し，

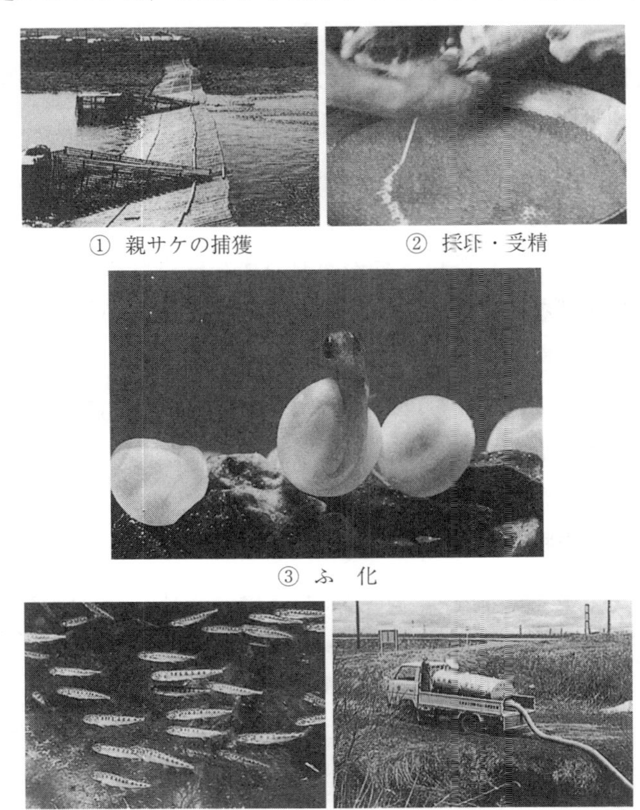

① 親サケの捕獲　② 採卵・受精

③ ふ　化

④ 稚　魚　⑤ 放　流

サケのふ化放流の工程

同機構はこの計画に従って人工ふ化放流を実施します（第20条第2項～第5項）。

(2)　さく河魚類の通路の保護

通路となる水面の工作物に対する制限または禁止事項が定められている

さく河性魚類の資源の保護対策の一環として，その通路となる水面に設置されている工作物または新たに敷設されようとしている工作物に対して種々の制限または禁止事項が定められています。

1　既設の工作物

既設の工作物については，その所有者または占有者は，さく河魚類のさく上を妨げないようその工作物を管理することが義務づけられており，さらに，農林水産大臣または都道府県知事が，その義務が遵守されないと認めたときは，その工作物の所有者または占有者に対して，魚類のさく上を妨げないように管理することを命ずることができます（第22条）。

2　新設の工作物

新たに工作物を設置する場合については，農林水産大臣は，さく河魚類の通路を害するおそれがあると認めたときは，水面の一定区域を限って，その中で工作物の設置を制限し，または禁止することができます（第23条第1項）。この場合に，その工作物を設置しようとする者に対し，さく河魚類の通路または通路に代るべき施設，たとえば，魚道，魚梯などの人工通路等の設置を命ずることができ，もしこれらの施設の設置が地形水流等の条件によって著しく困難な場合には，そ

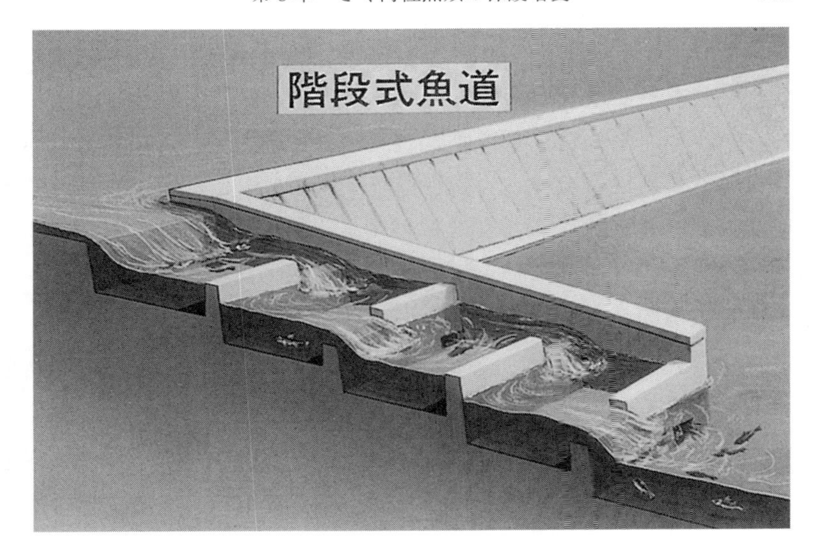

さく河魚類の通路（魚道）

の水面におけるさく河魚類またはその他の魚類の繁殖に必要な，人工ふ化施設，蓄養施設等の施設を設置し，またはそれらの資源のふ化放流などの方法を講ずることを命ずることができます（第23条第2項）。

この命令を受けた者は，これらの命ぜられた事項についての計画を作成し，農林水産大臣の承認を受けることになっています（第23条第2項）。

3　除害工事の命令

農林水産大臣は，水面に設置された工作物が，さく河魚類の通路を害すると認めたときは，その所有者または占有者に対して，直接除害工事を命ずることができ，この場合には，その工作物について権利を有する者等に対して，予算の範囲内において，相当の補償をすることになります。ただし，除害工事命令がその河川に係る利害関係人の申し出によってなされた場合には，農林水産大臣の定めるところによってその申請者が国に代わって補償しなければなりません（第24条）。

4　補　助

国は，この法律の目的を達成するために，予算の範囲内において，次に掲げる費用の一部を補助することができます（第31条）。

① 都道府県知事が管理計画に基づいて行う保護水面の管理に要する費用

② さく河魚類の通路となっている水面に設置した工作物の所有者または占有者（第24条第1項（前記3）の除害工事の命令を受けた者を除く。）が，当該水面において，第23条第2項（前記2）に規定する施設を設置し，または改修するのに要する費用

③ 水産研究・教育機構以外の者がさく河魚類のうちサケまたはマスの人工ふ化放流事業を行うのに要する費用

第3部　海洋生物資源の保存及び管理に関する法律

「海洋生物資源の保存及び管理に関する法律」（平成8年法律第77号，略称「資源管理法」）が，平成8年6月14日に公布，平成8年7月20日に施行されました。この法律がなぜ必要なのか，従来の漁業法等とどこが違うのか，その内容はどんなものか等についてその概要を説明します。

第1章　制度創設の必要性

なぜ資源管理法が制定されたか

(1)　国連海洋法条約の履行

排他的経済水域を設定した場合の義務である

平成8年の第136回国会において「海洋法に関する国際連合条約」（通称「国連海洋法条約」）が批准されました。この国連海洋法条約は，領海，排他的経済水域，大陸棚等海洋問題一般を包括的に規律する条約です。国連海洋法条約をわが国が批准した場合に，特に水産業等にとって重要な事項は，沿岸国が200海里の範囲内において排他的経済水域を設定できるということです。しかし，沿岸国が排他的経済水域を設定した場合には，沿岸国は，自国の排他的経済水域における生物資源の漁獲可能量（TAC：Total Allowable Catch）を決定するとともに，生物資源の保存・管理に関する措置を講じなければならないことが義務づけられています（条約第61条）。

この規定は，条約上の排他的経済水域を設定する場合においての権利と義務の関係にあります。つまり，排他的経済水域を設定しなければ，条約上，漁獲可能量は決定しなくてもよいのですが，この場合は，わが国の領海以遠，すなわち12海里から200海里の海域は原則として公海として扱われることになり，この海域においては生物資源や鉱物資源の管轄権も失うこととなりますので，外国の大型漁船が自由に操業することも考えられ，当然のことながらわが国としてはこのような選択を行うことはできないわけです。国際社会の一員であるわが国としては，この条約の締結にあたり，この条約に定められた権利を主張するとともに義務の履行を的確に図っていくためには，水産業等の立場から，漁獲可能量を定め，生物資源の保存・管理に関する措置を講ずるために，この資源管理法の制定が必要となったのです。

海洋法に関する国際連合条約（平成8年7月12日条約第6号）

第61条　生物資源の保存

1　沿岸国は，自国の排他的経済水域における生物資源の漁獲可能量を決定する。

2　沿岸国は，自国が入手することのできる最良の科学的証拠を考慮して，排他的経済水域における生物資源の維持が過度の開発によって脅かされないことを適当な保存措置及び管理措置を通じて確保する。このため，適当な場合には，沿岸国及び権限のある国際機関（小地域的なもの，地域的なもの又は世界的なもののいずれであるかを問わない。）は，協力する。

3　2に規定する措置は，また，環境上及び経済上の関連要因（沿岸漁業社会の経済上のニーズ及び開発途上国の特別の要請を含む。）を勘案し，かつ，漁獲の態様，資源間の相互依存関係及び一般的に勧告された国際的な最低限度の基準（小地域的なもの，地域的なもの又は世界的なもののいずれであるかを問わない。）を考慮して，最大持続生産量を実現することのできる水準に漁獲される種の資源量を維持し又は回復することのできるようなものとする。

4　沿岸国は，2に規定する措置をとるに当たり，漁獲される種に関連し又は依存する種の資源量をその再生産が著しく脅威にさらされることとなるような水準よりも高く維持し又は回復するために，当該関連し又は依存する種に及ぼす影響を考慮する。

5　入手することのできる科学的情報，漁獲量及び漁獲努力量に関する統計その他魚類の保存に関連するデータについては，適当な場合には権限のある国際機関（小地域的なもの，地域的なもの又は世界的なもののいずれであるかを問わない。）を通じ及びすべての関係国（その国民が排他的経済水域における漁獲を認められている国を含む。）の参加を得て，定期的に提供し及び交換する。

(2)　資源管理措置の強化

漁業法等による規制との違い

水産資源の保護や漁業の管理については，前編までに説明しましたように漁業法や水産資源保護法等に基づいて漁船の隻数，トン数，馬力数等，漁具，漁法，操業区域，操業海域，操業期間等の漁獲能力を規制する方法によって実施してきました。しかし最近，科学技術の進歩により漁船性能や漁ろう機器等の向上は目覚ましく，現行の法令による漁獲能力の規制のままでは，追いつかず，資源量の維持が難しいことが指摘されるようになってきました。そこで，魚種別に必要なものから漁獲可能量制度を導入して，漁獲量そのものを直接に規制することによって，新しい漁業管理を行おうとするもので，この漁獲可能量制度は，欧米では，国によってその実施の方法は若干異なっているものの，すでに取り入れられている方法です。

このように，わが国で従来から取り入れられている，漁業法等による漁獲能力の規制によって水産資源の保護や漁業の管理を行う方法を通称「入口規制」といい，一方，今回取り入れようとする漁獲可能量制度を導入して，漁獲量そのものを直接に規制する方法を通称「出口規制」といっています。

資源管理法の実施にあたっては，同法の第１条の目的条項で規定されているように「漁業法又は水産資源保護法による措置等と相まって，排他的経済水域等における海洋生物資源の保存及び管理を図る」ことが必要で，従来の漁業管理の体系（入口規制）を従来のまま活用しながら，その上に新たな漁獲可能量制度（出口規制）を構築しようとするものです。

しかしながら，資源量の変動が激しい，資源状況が悪化している等の理由で規制の根拠となる推定資源量に相当な幅が出る魚種については，ＴＡＣを設定することによる管理が必ずしも適当ではないのです。

漁獲努力量の削減は，ＴＡＣの設定と比べると漁獲圧力を削減する方法としては精度にかけるものの，推定資源量に相当な幅が出る魚種についてはＴＡＣを設定するより誤差が少ないという特性を有しています。このため，このような魚種について資源を回復するためには，漁獲努力量を削減することが適当です。

前述したように，現行の漁業法や水産資源保護法の規定に基づき，漁獲努力量を構成する漁船の隻数，操業期間等の削減を行うことは可能です。しかし，これらの法律は漁業種類ごとの管理を基本としており，その管理主体が農林水産大臣と都道府県知事とに分かれていることから，水産資源に着目した場合，同一の水産資源を漁獲している漁業種類を管理する者が農林水産大臣と複数の都道府県知事にまたがるという状況にあります。

このため，特定の水産資源に着目して漁獲努力量の削減を行おうとした場合に，管理主体が異なることによって必ずしも統一的に適切な措置が講じられない状況になっています。

資源が悪化し，漁獲努力量の削減を行わなければならない状況においては，管理主体の違いを超えて，複数の漁業種類につき一体的な漁獲努力量の削減を行う必要があることから，農林水産大臣が一括して漁獲努力量を管理する制度が必要になります。このため「海洋生物資源の保存及び管理に関する法律の一部を改正する法律」を平成13年6月29日に公布（平成13年11月1日施行）して，漁獲量の総量管理制度に加え，新たに，漁獲努力量の総量管理制度（TAE：Total Allowable Effort（漁獲努力可能量）制度）が創設されました。

第2章　用語の定義

(1)　排他的経済水域等

排他的経済水域・領海・内水・大陸棚をいう

前に述べたように，国連海洋法条約で沿岸国が自国の海洋生物資源の漁獲可能量を決定するとともに，その保存および管理措置を講ずることが義務づけられている海域は，排他的経済水域についてのみです。しかし，資源管理法の対象水域としている「排他的経済水域等」とは，排他的経済水域，領海および内水ならびに大陸棚をいいます（第2条第1項）。このように資源管理法の対象水域は，排他的経済水域のみではなく，その内側の領海および内水（瀬戸内海，東京湾等）が含まれているのは，200海里以内の海域は，排他的経済水域，領海，内水を問わず，海洋生物資源が連続的に分布し，これらは，一体的に管理する必要があるからです。さらに大陸棚を資源管理法の対象海域としているのは，「排他的経済水域及び大陸棚に関する法律」（平成8年法律第74号）の第2条に規定する大陸棚における定着性資源については，「排他的経済水域における漁業等に関する主権的権利の行使等に関する法律」（平成8年法律第76号）によって主権的権利を及ぼすことができることになっており，これに対応して規定されたものです。

大中型まき網漁業操業図

（2）　漁獲可能量

排他的経済水域等において採捕できる海洋生物資源の種類ごとの年間の数量の最高限度

「漁獲可能量とは，排他的経済水域等において採捕することのできる海洋生物資源の種類ごとの年間の数量の最高限度をいう。」（第２条第２項）と規定されています。

また，「特定海洋生物資源とは，第一種特定海洋生物資源及び第二種特定海洋生物資源をいう。」（第２条第５項）と規定され，さらに「第一種特定海洋生物資源とは，排他的経済水域等において，漁獲可能量を決定すること等により保存及び管理を行うことが適当である海洋生物資源であって，政令で定めるものをいう。」（第２条第６項）と規定されています。そして政令（「海洋生物資源の保存及び管理に関する法律施行令」）では，特定海洋生物資源としてサンマ，スケトウダラ，マアジ，マイワシ，マサバおよびゴマサバ，スルメイカ，ズワイガニの7種類の魚種が指定されています。

これらの特定生物資源について，それぞれ排他的経済水域等において1年間に採捕することのできる数量の最高限度である漁獲可能量の決定にあたっては，次のような点が考慮される必要があります。

すなわち，最大持続生産量を実現できる水準に特定生物資源を維持し，または回復させることを目的として，特定海洋生物資源ごとの資源動向，捕食関係等他の海洋生物資源との関係，海況，特定海洋生物資源の生物特性等の科学的なデータおよび知見を基礎とし，特定海洋生物資源に関係する漁業の経営，地域社会，国民生活への影響等の社会的経済的要因を広く考慮して決めることとなっています（法第3条第3項）。

このように漁獲可能量を決定するにあたっては，社会経済的要因も広く考えて決めることになっていますが，その目的とするところは，最大持続生産量を実現できる水準に資源を維持し，または回復させることにあります。前にも説明しましたように，魚介類のような海洋性生物資源は「自律更新資源」といわれており，鉱物資源のような非更新資源とは異なり，みずからの再生産能力を持った資源です。しかし，これらの再生産能力の限界を超えて採捕するとたちまち資源は減少してしまいます。漁具・漁法の発達した現在では，この傾向が強いわけです。したがって，資源の再生産能力を超えないように採捕を行い，将来にわたって最大の生産を持続して行くことが必要です。このように「最大持続生産量とは，漁獲資源を維持し，年々持続的に最大の生産量をあげうる限界の生産をいう。」と定義することができます。

⑶　漁獲努力量

海洋生物資源を採捕するために行われる漁ろう作業の量

「漁獲努力量とは，海洋生物資源を採捕するために行われる漁ろう作業の量であって，採捕の種類別に操業日数その他の農林水産省令で定める指標によって示されるものをいう。」（第２条第３項）と規定されています。

そして，漁業種類によっては，操業日数よりも投網回数や投網時間等の方が，漁獲努力量を表す指標としては適切な場合もあることから，漁業種類によってどの指標をとって算出するかについては，個別に農林水産省令において定めることになっています。

また，「漁獲努力可能量」とは，「排他的経済水域等において，海洋生物資源の種類ごとにその対象となる採捕の種類並びに当該採捕の種類に係る海域及び期間を定めて漁獲努力量による管理を行う場合の海洋生物資源の種類ごとの当該採捕の種類に係る年間の漁獲努力量の合計の最高限度をいう。」（第２条第４項）と規定しています。

さらに，「特定海洋生物資源とは，第１種特定海洋生物資源及び第２種特定海洋生物資源をいう。」（第２条第５項）と規定し，さらに「第２種特定海洋生物資源とは，排他的経済水域等において，漁獲努力可能量を決定すること等により保存及び管理を行うことが適当である海洋生物資源であって，政令で定めるものをいう。」（第２条第７項）と規定しています。そして，「海洋生物資源の保存及び管理に関する法律施行令」第２条で第２種特定海洋生物資源として，アカガレイ，サメガレイ，サワラ，トラフグ，ヤナギムシガレイの５種類の魚類が指定されています。

第３章　基本計画と都道府県計画

国と都道府県でそれぞれ分担して計画を設定する

(1)　計画制度の設定

資源の保存管理を適切に行うために計画を定める

海洋生物資源の保存管理を適切に行うための計画として，国と都道府県が分担し，農林水産大臣が排他的経済水域等において海洋生物資源の保存および管理を行うために基本計画を定め（第３条第１項），都道府県知事がこの計画にそって都道府県の計画を定める（第４条第１項）ことになっています。

(2)　基本計画

農林水産大臣が設定する計画

農林水産大臣が設定する基本計画には，次の事項を定めることになっています。(第３条第２項)。

① 海洋生物資源の保存および管理に関する基本方針
② 特定海洋生物資源ごとの動向に関する事項
③ 第１種特定海洋生物資源ごとの漁獲可能量に関する事項
④ ③の漁獲可能量のうち大臣管理漁業の種類（指定漁業，承認漁業等）別に定める数量に関する事項
⑤ ④で定めた数量について，漁獲可能量の管理上必要がある場合に操業区域別または操業期間別に細分化した数量を定める場合には，その数量に関する事項

⑥　③の漁獲可能量について，都道府県別に定める量に関する事項
⑦　大臣管理漁業に割り当てられた数量に関し実施すべき施策に関する事項
⑧　第２種特定海洋生物資源ごとの漁獲努力量による管理の対象となる採捕の種類ならびに当該採捕の種類に係る海域および期間ならびに漁獲努力可能量に関する事項
⑨　⑧の漁獲努力量のうち大臣管理漁業の種類別に定める量（大臣管理努力量）に関する事項
⑩　⑧の漁獲努力量について，都道府県別に定める量に関する事項
⑪　大臣管理努力量に関し実施すべき施策に関する事項
⑫　その他海洋生物資源の保存および管理に関する重要事項

以上の基本計画を農林水産大臣が定めようとするときは，水産政策審議会の意見をきかなければなりません（第３条第４項）。

また，農林水産大臣が⑥⑩の数量を定めようとするときは，あらかじめ，その関係部分について関係する都道府県知事の意見をきくとともに，これに関する数量を定めたときには，遅滞なく，その関係部分について関係する都道府県知事に通知しなければなりません（第３条第５項）。

⑶　都道府県計画

都道府県知事が設定する計画

都道府県知事は，基本計画にそって，各都道府県の知事管理漁業（漁業権漁業，知事許可漁業等）に割り当てられた数量に関して実施すべき施策に関する都道府県計画を定めることになっています（第４条

（上）　ビームこぎ網漁業　（下）　板びき網漁業

小型機船底びき網漁業

第１項)。都道府県計画には，都道府県知事がこのように第１種特定海洋生物資源および第２種特定海洋生物資源を農林水産大臣から割り当てられた場合に定めるものと，後述するように知事自らが指定した指定海洋生物資源について定める（第５条）ものとがあります。

① 海洋生物資源の保存および管理に関する方針
② 都道府県に割り当てられた漁獲可能量（(2)の⑥）に関する事項
③ ②について，第１種特定海洋生物資源の採捕の種類別，海域別または期間別の数量を定める場合にあっては，その数量（第１種特定海洋生物資源知事管理量）に関する事項
④ 第１種特定海洋生物資源知事管理量に関し実施すべき施策に関する事項
⑤ 都道府県に割り当てられた漁獲努力可能量（(2)の⑩）に関する事項
⑥ ⑤に掲げる量のうち第２種特定海洋生物資源の採捕の種類別に定める量（第２種特定海洋生物資源知事管理努力量）に関する事項
⑦ 第２種特定海洋生物資源知事管理努力量に関し実施すべき施策に関する事項

以上の都道府県計画を定めるにあたっては，関係の海区漁業調整委員会の意見をきくとともに，農林水産大臣の承認を得ることが必要です（第４条第３項・第４項)。

(4)　指定海洋生物資源

都道府県知事が保存および管理を行う必要があるとして指定した特定海洋生物資源

指定海洋生物資源とは，都道府県知事が特定海洋生物資源でない海洋生物資源のうちで，指定海域（都道府県の条例で定める海域）において保存および管理を行う海洋生物資源として，都道府県の条例で定めるものをいいます。

指定海洋生物資源には，第1種指定海洋生物資源（都道府県漁獲限度量を決定することにより，保存および管理を行う海洋生物資源として都道府県の条例で定める）と第2種指定海洋生物資源（都道府県漁獲努力限度量を決定することにより，保存および管理を行う海洋生物資源として都道府県の条例で定める）があります（第4条第8項）。

1　都道府県計画の内容

都道府県知事は，都道府県計画において次のような事項を定めることになっています（第5条第1項）。

①　指定海洋生物資源ごとの動向に関する事項

②　第1種指定海洋生物資源ごとの都道府県知事漁獲限度量に関する事項

③　都道府県漁獲限度量について，第1種指定海洋生物資源の採捕の種類別，海域別または期間別の数量を定める場合においては，その数量に関する事項

④　都道府県知事漁獲限度量について実施すべき施策に関する事項

⑤　第2種指定海洋生物資源ごとの都道府県漁獲努力量による管理の対象となる採捕の種類およびその採捕の種類に係る海域および

期間ならびに都道府県漁獲努力限度量に関する事項

⑥　⑤の都道府県漁獲努力限度量のうち第２種指定海洋生物資源の採捕の種類別に定める量（第２種指定海洋生物資源知事管理努力量）に関する事項

⑦　第２種指定海洋生物資源知事管理努力量に関し実施すべき施策に関する事項

２　大臣等に対する必要な措置の要請

都道府県知事の海面における権限は，前にも述べたように都道府県の地先水面（管轄海面）における知事管理漁業等に限られます。海洋生物資源は，隣接した都道府県の管轄海域を自由に移動するだけでなく，管轄海域内でも大臣管理漁業には権限が及ばないのです。したがって，都道府県漁獲限度量および都道府県漁獲努力限度量は，都道府県知事が独自の立場から決定することはできますが，これに基づく保存および管理の対象とならない大臣管理漁業や隣接県の地先海面における知事管理漁業には規制が及ばないことになります。

このようなことから，都道府県知事は，都道府県漁獲限度量および都道府県漁獲努力限度量による保存および管理の効果が適切に確保されるようにするため，特に必要があると認められるときは，農林水産大臣または関係する都道府県知事に対して，これらの者が講ずべき措置について，必要な要請をすることができることになっています（第６条）。

第4章　漁獲可能量等の管理

公的な規制措置による資源管理

(1)　採捕数量等の公表

採捕量等が大臣管理量等または知事管理量等を超えるおそれがある場合に行われる

農林水産大臣は，大臣管理量の対象となる採捕の数量が当該大臣管理量を超えるおそれがあると認めるとき，または大臣管理努力量の対象となる漁獲努力量が当該大臣管理努力量を超えるおそれがあると認めるときは，その採捕の数量または漁獲努力量等を公表することになっています（第8条第1項）。

まき網漁船からサバの水揚げ

また，都道府県知事は，知事管理量の対象となる採捕の数量が当該知事管理量を超えるおそれがあると認めるとき，または知事管理努力量の対象となる漁獲努力量もしくは都道府県知事漁獲努力量が当該知事管理努力量を超えるおそれがあると認めるときは，その採捕の数量または漁獲努力量もしくは都道府県知事漁獲努力量等を公表することになっています（第８条第２項）。

この公表制度が定められたのは次の理由によるものです。

①　後述する採捕の停止命令（第10条）が出される時期を予測することによって，計画的漁業経営ができること

②　採捕の数量を公表することによって採捕に対する自粛が期待されること

(2)　助言，指導，勧告

採捕量等が大臣管理量等または知事管理量等を超えないために行われる

前述の公表が実施された後において，農林水産大臣は，大臣管理量の対象となる採捕の数量が当該大臣管理量を超えないようにするために必要があると認めるとき，または大臣管理努力量の対象となる漁獲努力量が当該大臣管理努力量を超えないようにするために必要があると認めるときは，それぞれ関係の採捕者に対し，これらの採捕について必要な助言，指導または勧告をすることができます（第９条第１項）。

同様に，都道府県知事は，知事管理量の対象となる採捕の数量が，当該知事管理量を超えないようにするために必要があると認めるとき，または知事管理努力量の対象となる漁獲努力量もしくは都道府県漁獲努力量が，当該知事管理努力量等を超えないようにするために必

要があると認めるときは，それぞれ関係の採捕者に対し，これらの採捕について必要な助言，指導または勧告をすることができます（第9条第2項）。

このことは，後述する採捕の停止等の発動がされる事態が起きないように，有効に資源の利用が図られるために行われるものです。

(3)　採捕の停止等

採捕量等が大臣管理量等または知事管理量等を超えているか，超えるおそれが著しいときに発動される

農林水産大臣は，前述の採捕の数量等を公表した後に，大臣管理量の対象となる採捕の数量が当該大臣管理量を超えているか超えるおそれが著しく大きいと認めるとき，または大臣管理努力量の対象となる漁獲努力量が当該大臣管理努力量を超えているか超えるおそれが著しく大きいと認めるときは，期間を定め採捕者に対し，これらに関係する特定海洋生物資源をとることを目的とする採捕の停止その他採捕に関する命令をすることができます（法第10条第1項）。同様に，知事管理量の対象となる採捕の数量が当該知事管理量を超えているか超えるおそれが著しく大きいと認めるとき，または知事管理努力量の対象となる漁獲努力量が当該知事管理努力量を超えているか超えるおそれが著しく大きいと認めるときは，期間を定め採捕者に対し，これらに関係する特定海洋生物資源または指定海洋生物資源をとることを目的とする採捕の停止その他採捕に関する命令をすることができます（法第10条第1項）。

(4)　個別割当てによる採捕の制限

指定漁業，承認漁業，知事許可漁業等についての個別割当て方式も採用できる

農林水産大臣は，指定漁業，承認漁業等について基本計画に基づき，また，都道府県知事は，知事許可漁業等について都道府県計画に基づき，使用船舶の隻数，総トン数，採捕の状況等を勘案して割当て基準を定め，これによって採捕を行う者別に，大臣管理量または知事管理量に係る漁獲量の限度の割当てを，これらの管理の対象となる１年の期間の開始前に行うことができます。また，これらの割当てを受けた者は，その受けた数量を超えて採捕してはならない旨定められています（第11条第１項・第２項・第５項）。

このような個別割当て方式は，海外ではありますが，日本のように漁船数が多い場合は，その管理が容易でないともいわれています。

(5)　停泊命令

採捕の停止命令等の違反者に対する行政処分

農林水産大臣または都道府県知事は前述(3)の「採捕の停止等」の命令に違反した者または(4)の「個別割当てによる採捕の制限」を超えて採捕を行った者に対して，それぞれの違反行為に使用した船舶について，停泊港および停泊期間を指定して船舶の停泊を命ずることができる旨定められています（第12条第１項・第２項）。

第5章 協 定

漁業者自らが取り組む資源管理

海洋生物資源の保存および管理を十分に行うためには，公的な規制措置のみに頼るのではなく，漁業者自らが自覚を持って資源管理に取り組むことが必要であり，このことから，関係漁業者が協定を締結し，これによって資源の管理を推進することができます。

(1) 協定の締結

大臣管理量等または知事管理量等に係る採捕を行う者が協定を結び，大臣または知事の承認を受ける

大臣管理量または大臣管理努力量に係る採捕を行う者は，これらに関連した協定海洋生物資源の保存および管理に関する協定を締結し，この協定が適当である旨の農林水産大臣の認定を受けることができます。また，同様に知事管理量または知事管理努力量に係る採捕を行う者は，これらに関連した特定海洋生物資源または指定特定海洋生物資源に関する協定を締結し，この協定が適当である旨の知事の認定を受けることができます（第13条第1項・第2項)。

(2) 協定の認定等

協定の内容が適法であるものは認定される

農林水産大臣または都道府県知事は，前述の認定の申請があったときは，協定の内容が，大臣管理量，大臣管理努力量または知事管理量，知事管理努力量の管理に資すると認められるものであること，不当に差別的でないものであること，この法律およびこの法律に基づく命令その他関係法令に違反するものでないこと等の条件に該当した場合は，認定することになっています（第14条第1項）。

(3)　アウトサイダーの協定参加のための措置

大臣または知事は，申請に基づき協定参加のあっせんを行う

1　あっせんの申請

前述の認定を受けた協定（「認定協定」）に参加している者は，その対象となる海域において，その対象となる海洋生物資源を採捕する者であって認定協定に参加していない者に対し，認定協定に参加を求めても，その参加を承諾しない者があるときには，農林水産大臣または都道府県知事に対し，承諾を得るために必要なあっせんの申請をすることができます（第15条第1項）。

2　あっせんの実施

農林水産大臣または都道府県知事は，申請があった場合には，法令の規定（第14条第1項）に照らして相当であり，認定協定の内容からみて参加を求めることが特に必要であると認めるときには，あっせんを行うことになっています（第15条第1項）。

(4)　漁業法等による措置

大臣または知事は，申請に基づき協定の目的達成のための法令による措置を行う

1　法令による措置の申請

認定協定に参加している者は，この認定協定の認可をした農林水産大臣または都道府県知事に対して，次のような基準に該当するときには，認定協定の目的を達成するために必要な措置を講ずべきことを申請することができます（第16条第1項）。

① 認定協定に参加している者の数がこれに関係する全体の採捕者数の3分の2を超えていること

② 認定協定に参加している者のその対象となる採捕の数量が，対象となる全体の採捕数量の3分の2を超えていること

③ 認定協定が相当期間継続していること

④ 認定協定に参加している者が認定協定の目的を達成するために自主的な努力を十分行っていること

⑤ 申し出の内容が認定協定に参加していない者の利益を不当に害するものでないこと

2 法令による措置の実施

農林水産大臣または都道府県知事は，上述の申請があった場合に，漁業調整，資源保護培養その他公益のために必要があると認めるときには，その内容を勘案して，漁業法による漁業権，指定漁業の制限または条件（第34条第1項・第3項・第4項），漁業調整に関する命令（第65条第1項），許可を受けない中型まき網漁業等の禁止（第66条第1項）および水産資源保護法による水産動植物の採捕制限等（第4条第1項）の規定による水産動植物の採捕の制限等の措置その他の適切な措置を講ずることになっています（第16条第2項）。

第4部　遊漁船業の適正化に関する法律

昭和63年12月23日に「遊漁船業の適正化に関する法律」（昭和63年法律第99号）（以下「遊漁船業法」という。）が公布されました。漁業が水産動植物を採捕または養殖する事業であるのに対して，遊漁船業は水産動植物を採捕させる事業で，第1次産業と第3次産業の違いはありますが，同じ水産動植物を対象にして行う産業であるとともに，漁業との兼業が多いので，遊漁船業について理解していただくために，その概要を説明することにします。

第1章　遊漁船業の沿革

日本各地の地場産業として独自の発展をしてきた

「遊漁船業」とは，遊漁船業法によって初めて用いられた用語ですが，この産業は古くから「釣船業」あるいは「遊船」などと称して日本各地において，専業として，あるいは漁業や旅客船業等の兼業の形態で，独自の地場産業として現在まで発展してきたものです。

(1)　遊漁船業の歴史

江戸時代からの長い歴史のある海の生業である

「東都釣師漁撈大全」（伊勢庵待阿弥著）等の昔の文献によると，慶長・宝永年間（1600年代）に，すでに地域によっては専業の遊漁船業

全釣連主催の釣りイベント
（塩釜において，中央は著者）

（釣りや投網などを船上で客に楽しませる業，当時は遊船と呼んでいました。）が海の生業として盛んに行われていたことが記述されており，遊漁船業は400年以上の昔からの長い歴史を有している海の産業です。

上記の文献には，江戸湾の遊漁の漁期，漁場等，すなわち各魚種の釣りの時候，餌，風の見方と船中の心得，釣り場の位置，釣り道具，旧暦により大潮から小潮までの毎日の干潮時刻，船代等が詳しく記載されています。ここでは東京湾の例を掲げましたが，このような遊漁船業が江戸時代においては日本の各地で行われていました。

江戸時代に誕生した遊漁船業（遊船）は，大正，昭和と発達してきて，戦後，特に最近の余暇開発時代における海洋レジャーの振興に伴って急に増えてきました。現在，釣り人口は著しく増大し，これらの担い手である遊漁船業者の数も現在では，約28,000人（漁業センサス）といわれるようになりました。これらの多くは，漁業との兼業者ですが，漁業以外の他の産業との兼業者もおります。また，遊漁船業の専業者が約6,000人おりますが，これらの中には，代々遊漁船業者としての稼業を受け継いできている者が相当含まれています。

(2)　遊漁船業法の改正

やっと知事の強制登録制度が実施される

遊漁船業は，長い間，行政の手からは忘れられた存在でしたが，日本各地の地場産業として，人々に遊漁というレジャーの場を提供し，みずからの努力によって長い間に成長してきた独自のサービス産業です。

ところが，たまたま昭和63年7月に大型遊漁船「第1富士丸」と潜水艦「なだしお」の衝突という残念な事故が発生したのを契機として，遊漁船業の健全なる発展を図るための制度化が話題となり，議員立法により，昭和63年12月23日に「遊漁船業の適正化に関する法律」という法律がやっと公布され，続いて平成元年10月1日に施行されたのです。

しかし，この制度は都道府県知事に単なる届出さえすれば，遊漁船業を誰でも自由にできることになっていて，釣客の安全上，釣資源の維持上，さらには漁場の秩序の上からも多くの問題をかかえていました。平成13年6月29日には「水産基本法」が公布，施行されました。この法律で「国は，国民の水産業及び漁村に対する理解と関心を深めるとともに，健康的でゆとりのある生活に資するため，都市と漁村との間の交流の促進，遊漁船業の適正化その他必要な施策を講ずるものとする。」(第30条）と規定し，遊漁船業の適正化に必要な施策を講ずべきことが指摘されました（223頁参照)。

そこで，平成14年6月19日付けで「遊漁船業の適正化に関する法律の一部を改正する法律」が公布され，遊漁船業の適正な運営を行ううえで必要な各種の事項の義務化が課されたうえで知事の強制登録制

神奈川釣船業協同組合主催のファミリーフィッシング大会船上風景（全員救命胴衣着用）

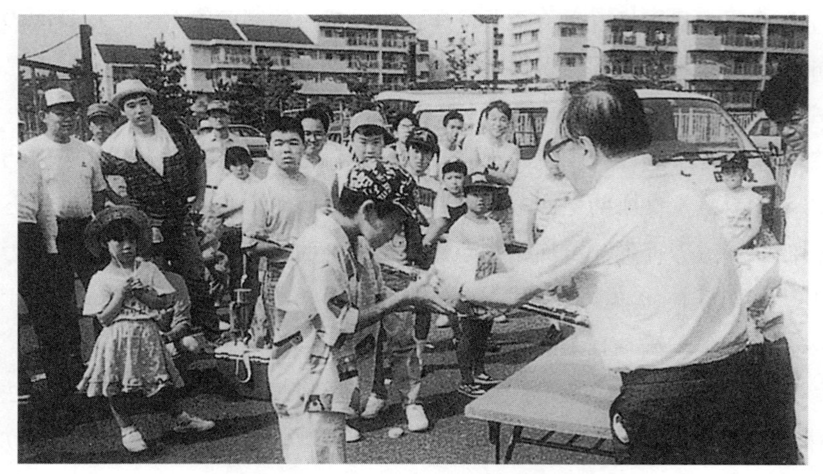

同大会の表彰風景（子供の参加が多い）

度が実施されることになりました。

なお，この改正法の施行は平成15年4月1日からですが，既存の届出者は，平成15年10月1日までの経過措置が設けられています。

第２章　遊漁船業法の目的

釣客等の安全等の確保，漁場秩序の確保を図る

遊漁船業法（第１条）の目的で，「遊漁船業を営む者について登録制度を実施し，その事業に対し必要な規制を行うことにより，その業務の適正な運用を確保するとともに，その組織する団体の適正な活動を促進することにより，遊漁船の利用者の安全の確保及び利益の保護並びに漁場の安定的な利用関係の確保に資することを目的とする。」と規定されています。

遊漁船業法の最終の目的は釣客等の安全等や漁場秩序の確保を図ることですが，その手段としては

①　遊漁船業者に対して都道府県知事の登録制度を実施し，このために必要な各種の規制措置を実施する。

②　遊漁船業者で組織する団体の活動を促進する。

ことの２点です。この中で重要なのは，行政をはじめみんなで「遊漁船業者で組織する団体の活動を促進する。」ことが法律に明記されていることです。すなわち，遊漁船業の組織の拡大強化とその活性化によってはじめて，この法律の目的の達成ができるのです。

第3章　組織化の推進

組織化が遊漁船業発展のための鍵である

(1)　組織活動の促進

遊漁船業法の推進のためにも,「団体の適正なる活動の促進」を図ることが必要である

遊漁船業法（第1条）の目的とするところは，前述したように「遊漁船の利用者の安全の確保及び利益の保護並びに漁場の安定的な利用の確保に資する」ことにありますが，他の業法と異なる注目すべき点は，その手段として「その団体の適正なる活動の促進」によって，その推進を行うことが明記されていることです。

この主旨は，海上を職場とする遊漁船業にとって,「利用客等の安全の確保，漁場秩序の確保等」を図って行くことが必要ですが，海上における業務ですので，業者が個々単独では，なかなか実行困難な点もあるので，事業協同組合等の団体活動を促進することによってこれらを活発に推進して行こうとするものです。

このことは，平成14年6月11日に衆議院農林水産委員会で，本法の改正案の審議の際に「遊漁船業者の組織化を積極的に推進すること。この場合，国及び都道府県知事と遊漁船業者団体が相互に連絡して指導する体制を確立すること等について，政府は，本法施行に当たり，万全を期すべきである。」との付帯決議がなされています。

遊漁船業については，中小企業等協同組合法に基づく遊漁船業（釣船業）の事業協同組合が，北は北海道から南は沖縄県に至る全国に設

全釣連主催の「遊漁船業青年経営研修会」風景

立されています。一方，全国団体としては，全国釣船業協同組合連合会（略称「全釣連」）が1988年に設立され，農林水産大臣の認可を受けて協同組合活動が展開されています。

特に，遊漁船業法が改正されて，釣り人の安全，資源の保護，漁場調整その他法令等の遵守が義務化されたうえで，都道府県知事の登録制度が実施された現在は，このような系統組織化の拡大強化が何よりも重要です。

(2)　団体の指定

事業協同組合等の自主的な活動を推進するために指定を行う

遊漁船業法の目的は前述したように「遊漁船の利用者の安全の確保及び利益の保護並びに漁場の安定的な利用関係の確保に資する」ことにありますが，その手段としては，「その組織する団体の適正なる活動を促進」することによって推進しようとするものです（第１条）。

このための一つとして，遊漁船業法（第20条，第21条）では，事業協同組合，漁業協同組合等の団体（遊漁船業者を構成員とする営利を目的としない法人）に対して都道府県知事の指定制度を定めています。都道府県知事の指定を受けた団体は次のような業務を行うこととなっています。

① 遊漁船業の適正な運営を確保するための構成員に対する指導を行うこと
② 漁場の適正な利用を推進すること
③ 遊漁船業に関する利用者の苦情を処理すること
④ 前3号の業務に付帯する業務

次に事業協同組合から都道府県知事に提出する「遊漁船業団体指定申請書」の様式を参考までに掲げます。

遊漁船業団体指定申請書

平成　年　月　日

○○都道府県知事殿

（名　称）○○○○○協同組合
（住　所）
（代表者の氏名）理事長　○○○○　印

遊漁船業の適正化に関する法律（昭和63年法律第99号）第20条の規定に基づき，○○○○釣船業（遊漁船業）協同組合について指定を受けたく，遊漁船業の適正化に関する法律施行規則（平成元年農林水産省令第37号）第15条第2項に基づく関係書類を添えて申請します。

記

1　定款
2　登記簿謄本

3　役員の氏名，住所及び略歴を記載した書面
4　指定の申請に関する意思の決定を証する書面
5　法第 21 条各号に掲げる業務の実施に関する基本的な計画書
6　法第 21 条各号に掲げる業務を適正かつ確実に実施できることを証する書面
7　遊漁船業者を直接又は間接の構成員とすることを証する書面

備考

添付書類について留意すべき事項は次のとおりである。

①　指定の申請に関する意思の決定を証する書面

当該法人が指定の申請をすることとした総会，理事会等における議事録の写し等である。

②　法第 21 条各号に掲げる業務の実施に関する基本的な計画

法第 21 条各号に掲げる業務の実施に関する業務計画書等である。

③　法第 21 条各号に掲げる業務を適正かつ確実に実施できることを証する書面

収支予算書，収支決算書等当該法人の財政基盤が堅固であること等の業務遂行能力を判断しうる書類である。

④　遊漁船業者を直接又は間接の構成員とすることを証する書面

当該法人の構成員名簿（遊漁船業者を間接の構成員とする法人にあっては当該法人の構成員名簿及び当該法人の構成員のうち遊漁船業者を直接の構成員とするものの構成員名簿）である。

⇧船上からの放流

⇩陸上からの放流

全釣連・宮城県釣船業協同組合による稚魚の放流

第４章　用語の定義

遊漁船業，遊漁船は，いずれも営む業であり，営むための船舶をいう

(1)　遊漁船業の定義

遊漁船業は，第３次産業（サービス業）である

「この法律において，「遊漁船業」とは，船舶により乗客を漁場（海面及び農林水産大臣が定める内水面に属するものに限る。）に案内し，釣りその他の農林水産省令で定める方法により魚類その他の水産動植物を採捕させる事業をいう。」と規定されています（第２条第１項）。農林水産省令で定める方法とは，釣り，網を使用する方法，網以外の漁具を移動しないように敷設して行う方法，やすまたはは具を使用する方法，歩行徒手採捕をいいますが，実際には大半のものが釣りです。「遊漁船業」なる言葉は，今まできき慣れない言葉で，遊漁船業法ではじめて用いられたものですが，その実態は従来の「釣船業」とほとんど変わりありません。

漁業は「水産動植物を採捕する事業」であって第１次産業（生産業）であるのに対し，遊漁船業は「水産動植物を採捕させる事業」であって第３次産業（サービス業）に属するものです。漁業と遊漁船業は，同じ海で，同じ水産動植物を対象とする産業ですが，産業分類は全く異なり法律上明確に別の産業として取り扱われています。

(2)　遊漁船の定義

プレジャーボートは，遊漁に使用するものであっても「遊漁船」ではない

遊漁船業法（第2条）では，「遊漁船とは，遊漁船業の用に供する船舶をいう。」と定義されています。したがって，業として使用しないプレジャーボートなどは，たとえ釣り等の遊漁に使用するものであっても，遊漁船業法にいう遊漁船の範ちゅうには入りません。

営業船と自家用船は当然区別されるべきものであって，プレジャーボートを通称「遊漁船」と称するのは，法令上は誤りであるばかりでなく，混乱を招くもとでもあり，十分注意することが大切です。

(3)　遊漁船業者の定義

遊漁船業者の登録を受けた遊漁船業を営む者をいう

「遊漁船業者とは，第3条第1項（遊漁船業者の登録）の登録を受けた遊漁船業を営む者をいう。」と定義されています（第2条第3項）。したがって，法律に基づいて都道府県知事の登録を受けた者だけが遊漁船業者であって，登録を受けない者は法律上の遊漁船業者ではありません。

第５章　遊漁船業の登録

都道府県知事の届出制から登録制に改められた

⑴　遊漁船業の登録

無登録操業は厳しい罰則が適用される

遊漁船業を営もうとする者は，その所在地を管轄する都道府県知事の登録を受けなければなりません（第３条第１項）。もし，遊漁船業の登録を受けないで遊漁船業を営んだ者は，３年以下の懲役もしくは300万円以下の罰金に処し，またはこれを併科することが罰則で定められています（第28条）。このように都道府県知事の登録を受けないで，遊漁船業を営んだ場合には厳しい罰則が適用されます。

また，登録の有効期間は５年で，５年ごとに更新を受けなければ，その期間の経過によって効力を失うことになります（第３条第２項）。

⑵　登録の申請

法定の添付書類を添え登録申請書を知事に提出する

登録を受けようとする者は，次のような必要事項を記載した申請書に添付書類を付けて都道府県知事に提出しなければなりません（第４条）。

㈠　申請書に記載する事項

①　氏名（法人の場合は代表者の氏名）又は名称及び住所

②　営業所の名称及び所在地並びに遊漁船の名称

③　法人の場合は，その役員の氏名

④　未成年者である場合は，その法定代理人の氏名及び住所

⑤　遊漁船業務主任者（第12条）の氏名

⑥　遊漁船利用者に生じた損害を賠償する措置（釣船賠償保険等）

(イ)　添付書類

①　登録拒否要件（第6条）に該当しない旨の誓約書

②　申請に係る遊漁船の船舶検査証書の写し

③　申請者の略歴を記載した書面

④　申請者が法人の場合は登記簿謄本，個人の場合は住民票抄本

⑤　その他必要な書面等

(3)　登録の実施

適法の登録申請があった場合は，登録簿に記載するとともに申請者に通知される

都道府県知事は，登録の申請があった場合には，登録を拒否する場合を除くほか，次に掲げる事項を遊漁船業者登録簿に記載しなければなりません。また，登録をしたときは，遅滞なく，その旨を申請者に通知しなければなりません（第5条）。

登録簿には次の事項が登録されています。

①　申請書に記載する事項（前述の(2)の(ア)）

②　登録年月日及び登録番号

(4)　登録の拒否

各種の登録拒否要件が定められている

都道府県知事は，登録の申請者が下記の事項のいずれかに該当するとき，申請書その他の添付書類のうち重要な事項について虚偽の記載があり，もしくは重要な事実の記載が欠けているときは，その登録を拒否しなければなりません。また，登録を拒否したときは，遅滞なく，その理由を示して，申請者に通知しなければなりません（第6条）。

登録拒否要件は次のとおりです。

①　登録を取り消され（第19条第1項），その処分のあった日から2年を経過しない者

②　遊漁船業者で法人であるものが登録を取り消された場合において（第19条第1項），その処分のあった日前30日以内にその遊漁船業者の役員であった者で，その処分があった日から2年を経過しない者

③　事業の停止を命ぜられ（第19条第1項），その停止の期間が経過しない者

④　禁錮刑以上の刑に処せられ，その刑の執行を終わり，またはその刑の執行を受けることがなくなった日から2年を経過しない者

⑤　遊漁船業法，船舶安全法，船舶職員及び小型船舶操縦者法，漁業法もしくは水産資源保護法またはこれらの法律に基づく命令（都道府県漁業調整規則等を含む。）の規定に違反し，罰金の刑に処せられ，その執行を終わり，またはその執行を受けることのなくなった日から2年を経過しない者

⑥　遊漁船業に関し成年者と同一の能力を有しない未成年者で，そ

の法定代理人が①から⑤のいずれかに該当するもの

⑦　法人で，その役員のうちに①から⑤までのいずれかに該当する者があるもの

⑧　遊漁船業務主任者を選任しない者

⑨　損害賠償の措置が農林水産省令で定める基準（定員1人当たりのてん補額が3,000万円以上）に適合していない者

(5)　変更の届出

届出を怠ると100万円以下の罰金に処せられる

遊漁船業者は，申請書に記載した事項，誓約書その他の添付書類に変更があったときは，その日から30日以内に，その旨を都道府県知事に届け出なければなりません。また，都道府県知事は，変更の届出があった事項を遊漁船業者登録原簿に登録しなければなりません（第7条）。

なお，この規定による届出をせず，または虚偽の届出をしたときは，100万円以下の罰金の罰則が定められています（第30条第1号）。

(6)　遊漁船業者登録簿の閲覧

名簿は，一般に広く公開される

都道府県知事は，遊漁船業者登録簿を一般の閲覧に供しなければなりません（第8条）。このことは，登録された遊漁船業者を広く一般の人に広報して便宜に供することが目的です。

なお，この規定では，閲覧の形態まで定められていませんが，閲覧

の形態は各都道府県知事の判断によって，たとえば，登録簿（電子情報）を印刷したものを都道府県の窓口に備えておくことや県のホームページに掲載することなどが考えられます。

(7)　廃業等の届出

廃業等の場合は，登録の効力は失われる

遊漁船業者が下記のいずれかに該当することになった場合においては，それぞれに該当する者は，その日から30日以内に，その旨を都道府県知事に届け出なければなりません。また，遊漁船業者がこれらのいずれかに該当するに至ったときは，遊漁船業者の登録は，その効力を失います（第９条）。

これらに該当する事項とそれに該当する者は，それぞれ次のとおりです。

①　死亡した場合　その相続人

②　法人が合併により消滅した場合　その法人を代表する役員であった者

③　法人が破産により解散した場合　その破産管財人

④　法人が合併，破産以外の理由により解散した場合　その清算人

⑤　遊漁船業を廃止した場合　遊漁船業者であった個人または遊漁船業者であった法人を代表する役員

⑻　登録の抹消

都道府県知事の登録抹消義務

都道府県知事は，登録の更新がされないとき（第3条第2項），廃業等の届出がされたとき（第9条第2項），登録の取り消し命令により登録を取り消したときは（第19条第1項），いずれの場合も都道府県知事はその登録を抹消しなければなりません（第10条）。

⑼　登録の掲示

営業所および遊漁船に対する標識の掲示義務

遊漁船業者は，営業所および遊漁船ごとに，公衆の見やすい場所に，農林水産省令で定める様式の標識を掲示しなければなりません。また，遊漁船業者以外の者は，当該標識またはこれに類似する標識を掲示してはなりません（第16条）。

営業所には，標識（遊漁船業者登録票）を入り口付近の建物外部等，一般の目に付きやすい場所に掲げることになっています。

また，遊漁船についても同様に，遊漁船業者登録票を船室内等に掲げるとともに，登録番号を船体両側面，船橋を有する遊漁船では船橋両側面等に掲示することになっています。

掲示する遊漁船業者登録票の様式（規則第14条）を次に掲げます。

25センチメートル以上（横）／40センチメートル以上（縦）

遊漁船業者登録票	
氏名又は名称	
登録番号	
登録の有効期間	年　月　日から 年　月　日まで
営業所の所在地	
遊漁船の名称	
遊漁船業務主任者の氏名	

備考

(1) 「遊漁船の名称」は，遊漁船に掲げる場合にあっては，当該遊漁船の名称のみとする。

(2) 「遊漁船業務主任者の氏名」は，遊漁船に掲げる場合にあっては，当該遊漁船に乗り組む遊漁船業務主任者の氏名のみとする。

また，遊漁船に掲げる登録番号の様式（規則第14条）を次に掲げます。

備考　各文字及び数字は，次により明りょうに表示すること。

(1)　×××の部分には，当該登録に係る都道府県名を表示すること。

(2)　○○○○の部分には，当該登録に係る登録番号を表示すること。

(3)　大きさは10センチメートル以上，太さは1センチメートル以上，間隔は2センチメートル以上とする。

(10)　名義利用等の禁止

名義貸しをした者は，3年以下の懲役または300万円以下の罰金等の罰則が適用される

遊漁船業者は，その名義を他人に遊漁船業のために利用させてはなりません。また，遊漁船業者は，事業の貸渡しその他いかなる方法をもってするかを問わず，遊漁船業を他人にその名において経営させてはなりません（第17条）。この規定は，いかなる方法によらず名義貸しを禁止しており，たとえば，事業停止命令中または登録を取り消された者が他人の既存登録事業者の名義を利用して事業活動することを防止するものです。

なお，この規定に違反して遊漁船業を他人にその名において経営させた者は，3年以下の懲役もしくは300万円以下の罰金に処し，またはこれを併科することになっており，違反者には厳しい罰則が定められています（第28条第4号）。

⑾　登録の取消し等

法令違反等を犯せば，取消し等の処分を受ける場合もある

都道府県知事は，登録を受けた遊漁船業者が，下記のいずれかに該当するときは，その登録を取り消し，または6月以内の期間を定めてその事業の全部もしくは一部の停止を命ずることができます（第19条第1項）。

① この法律，この法律に基づく命令またはこれらに基づく処分に違反したとき。

② 不正の手段により遊漁船業の登録を受けたとき。

③ 登録の拒否要件（第6条第1項第2号または第4号から第9号まで）のいずれかに該当したとき。（前述「⑷登録の拒否」参照）

また，登録の有効期間中に，遊漁船業者が漁業を営んでいる最中に，漁業調整規則に違反して罰金刑を受けた場合，登録の拒否要件に該当することとなり，上記③に該当することになりますが，本条の取扱いは知事の裁量規定で「命ずることができる。」と規定されています。

なお，都道府県知事は，上記の「登録の取消し等」の処分をした場合は，遅滞なく，その理由を示して，その旨を遊漁船業者に通知しなければならないこととなっています（第19条第2項）。

第6章　業務規程，業務主任者等

各種の業務上の義務が課せられている

(1)　業務規程

釣り人等の安全，資源保護，漁場調整等の確保のために遊漁船業者，従業員が遵守すべき事項を定める

1　業務規程作成の義務化

遊漁船業者は，遊漁船業の実施に関する規程（業務規程）を定め，登録後，遅滞なく都道府県知事に届け出なければなりません。また，これを変更した場合も同様に届け出なければなりません（第11条第1項）。

この業務規程は，遊漁船の利用者の安全や水産資源の保護，漁場調整，漁場環境の保護等の漁場の安定的利用関係を確保するために，遊漁船業者および従業員が遵守すべき事項を定めたものです。

2　業務規程に定める事項

業務規程には，利用者の安全の確保および利益の保護ならびに漁場の安定的な利用関係の確保に関する事項その他農林水産省令で定める事項を定めなければなりません（第11条第2項）。

これらの業務規程に定める事項は，次のようなものです。

(ア)　第11条第2項に規定する利用者の安全の確保および利益の保護ならびに，漁場の安定的な利用関係の確保に関する事項（規則第9条第1項）

①　利用者の安全の確保および利益の保護ならびに漁場の安定的な

利用関係の確保のため必要な情報の収集および伝達に関する事項

② 利用者が遵守すべき事項の周知に関する事項

③ 出港中止条件および出港中止の指示に関する事項

④ 気象もしくは海象等の状況が悪化した場合または海難その他の異常の事態が発生した場合の対処に関する事項

⑤ 漁場の適正な利用に関する事項

⑥ ①から⑤のほか，遊漁船業者およびその従業員が遵守すべき事項

(イ) 第 11 条第 2 項に規定する農林水産省令で定める事項（規則第 9 条第 2 項）

① 遊漁船業の実施体制に関する事項

② 案内する漁場の位置に関する事項

③ 遊漁船の係留場所に関する事項

④ 遊漁船の総トン数または長さ，定員および通信設備に関する事項

⑤ 役務の内容に関する事項

⑥ 従業員に対して行う業務の適正な運営を図るための教育に関する事項

⑦ その他遊漁船業に関し必要な事項

なお，業務規程は，上記の事項を全て盛り込むこととなっており，必要の場合は業務規程作成例（関係団体等に照会）を参照してください。

⑵　業務主任者

遊漁船の船長等が，遊漁船業務主任者講習会を受講して業務主任者として選任される

遊漁船業者は，遊漁船における利用者の安全の確保および利益の保護ならびに漁場の安定的な利用関係の確保に関する業務を行う者で農林水産省令で定める基準に適合するもの（以下「遊漁船業務主任者」という。）を選任して，遊漁船における利用者の安全管理その他の農林水産省令で定める業務を行わせなければなりません（第12条）。

遊漁船業者講習会風景

遊漁船業務主任者を選任していない者は，遊漁船業の登録を拒否されることになっていることは前述したとおりです（第6条第1項第8号）。

1　遊漁船業務主任者の基準

業務主任者の選任基準（第12条）は，次のように定められています（規則10条）。

① 海技士（航海）の海技免許または小型船舶操縦士の操縦免許を受けている者であること。

② 遊漁船業に関し1年以上の実務経験を有する者または遊漁船業務主任者の指導による10日以上の遊漁船における実務研修（1日につき5時間以上実施されるものに限る。）を修了した者であること。

③ 遊漁船業務主任者を養成するための講習で農林水産大臣が定める基準に適合するものを修了した者であって，修了証明書の交付を受けた日から5年を経過していないものであること。

なお，遊漁船業者は，遊漁船業務主任者を解任され（第18条），その解任の日から起算して2年を経過していない者を遊漁船業務主任者として選任してはならないことになっています。

2　遊漁船業務主任者の業務

遊漁船業務主任者の業務は（第12条），次のように定められています（規則第11条）。

① 遊漁船における利用者の安全管理を行うこと。

② 漁場の適正な選定を行うこと。

③ 利用者に対し，適正に水産動植物を採捕するために必要な指導および助言を行うこと。

④　海難その他異常の事態が発生した場合において，海上保安機関その他の関係機関との連絡責任者に連絡を行うこと。

⑤　その他遊漁船における利用者の安全の確保および利益の保護ならびに漁場の安定的な利用関係の確保に必要な業務を行うこと。

(3)　業務改善命令

業務規程が不適切，業務主任者業務不履行，釣船賠償保険が未保険等の場合に発動される

都道府県知事は，遊漁船業者の業務の運営に関し，利用者の安全もしくは利益または漁場の安定的な利用関係を害する事実があると認めるときは，利用者の保護のため必要な限度において，当該遊漁船業者に対し，業務規程の変更その他業務の運営の改善に必要な措置をとるべきことを命ずることができます（第18条）。

改善命令は具体的には，業務規程の内容の変更（出港等の中止基準など）のほか，遊漁船業務主任者が，その職務を怠ったために事故が発生した場合における業務主任者の解任命令，案内する漁場における水産動植物の採捕規制の周知を決められた方法で行っていない場合，標識が見やすい位置に掲示されていない場合，利用者名簿の備え置きが遵守されていない場合など，立入検査等により事実が確認された際に改善が命じられることが考えられます。

改善命令を受けたにもかかわらず，改善がなされず営業を継続している場合，改善が見られるまでの間，事業の停止を命ぜられることがあります（第19条）。

また，一定の期間，事業の停止を命じたにもかかわらず，これに違反して営業している事態が確認された場合は，登録の取消処分を行うこともできることになっています（第19条第二項）。

第７章　遊漁船業者の遵守事項

遊漁船業者が必ず遵守すべき４項目の事項とは

遊漁船業法で定められている遊漁船業者が守らなければならない遵守事項が定められています。

㈠　気象情報の収集

遊漁船業者は，遊漁船の出港前に，利用者の安全を確保するため必要な気象・海象に関する情報を収集しなければなりません（第13条第１項）。

㈡　出港制限

遊漁船業者は，⑴の情報から判断して利用者の安全の確保が困難であると認めるときは，遊漁船を出港させてはなりません（第13条第２項）。

㈢　利用者名簿

遊漁船業者は，営業所ごとに利用者名簿を備え置き，これに利用者の氏名，住所，性別，年齢，遊漁船の利用の開始年月日および終了予定の年月日，案内する漁場の位置を記載しなければなりません（第14条）。

この場合の利用者名簿は，遊漁船業者が利用者を漁場に案内する場合において，利用者の遊漁船の利用の開始前までに備え置くとともに，当該利用の終了の日から１週間保存しなければなりません。

なお，利用者名簿を備え置かず，またこれに記載すべき事項を記載せず，もしくは虚偽の記載をした者は，30万円以下の罰金の罰則が適用されます（第31条第1号）。

㈣　周知させる義務

遊漁船業者は，利用者に対し，案内する漁場における水産動植物の採捕に関する制限または禁止および漁場の使用に関する制限の内容を周知させなければなりません（第15条）。周知の方法としては，その内容を遊漁船において利用者に見やすいように掲示し，または，その内容を記載した書面を利用者に配布して行わなければなりません（規則第13条）。具体的な周知すべき対象は，以下のものの中から案内する漁場および採捕行為に関係した事項となります。

①　都道府県漁業調整規則で定められている体長制限，禁止期間・

出航基準および利用者の遵守事項を掲示した遊漁船

区域，漁具漁法等の禁止および制限

② 海区漁業調整委員会の指示事項になっている体長制限，禁止期間・区域，禁止漁法等

③ 沿岸漁場整備開発法に基づく漁場利用協定，海洋水産資源開発促進法に基づく資源管理協定，水産業協同組合法に基づく資源管理協定

なお，③については，協定当事者以外は遵守する義務を負うものではありませんが，本法による周知義務によって，当事者以外の遊漁船業者においても案内する漁場で協定等がある場合には，それを利用者に周知しなければならなくなります。

第８章　遊漁船業の役割

新しい海洋レジャーのニーズに適合した，秩序ある受入れ体制の整備が必要である

国民生活の向上，週休２日制の導入による労働時間の短縮などに伴って，余暇時間を有効に利用しようとする意識が向上し，レジャーが心の豊かさをもたらすものとして国民生活の中に定着してきました。最近総理府から発表された「国民生活に関する世論調査」の結果を見ると「心の豊かさ」を求める者が約60%で「物の豊かさ」を求める者の約30%に対し，いかに多くの国民が心の豊かさを求めているかがわかります。この中の多くの人が「レジャー・余暇」に生活での力を入れたいとしています。

このような中にあって，海洋レジャーに対する関心はますます高まる一方ですので，これらのうちで遊漁を中心とした新しい海洋レ

マルチレジャータイプの遊漁船

ジャーのニーズに適合した受入れ体制を整え，遊漁船業法の趣旨に沿った安全にして秩序ある健全なサービス業を確立することが一刻も早く望まれるところです。このことは，国民の時代的要請に応えるための遊漁船業者の責任でもあると考えます。

第5部　水産基本法

「水産基本法」（平成13年法律第87号）が新しく平成13年6月29日に公布・施行されました。一般に「基本法」というのは，特定の政策分野についての政策の理念や施策の基本方向を規定する法律として制定されるものです。基本法の考えに基づいて，個別具体的な政策については，その方向付けに沿う形で，別の法律，予算措置等に委ねられます。

水産基本法は，水産に関する施策について，基本理念およびその実現を図るのに基本となる事項等を定めた法律です。水産基本法の制定に伴って，その理念を具体化させるために平成13年には，漁業法，海洋生物資源の保存及び管理に関する法律，漁船法，漁港法（漁港漁場整備法と改称）の改正が行われ，平成14年には，遊漁船業の適正化に関する法律，漁業再建整備特別措置法（漁業経営の改善及び再建整備に関する特別措置法と改称），水産業協同組合法，漁業災害補償制度の改正が行われました。

第1章　法制定の背景

水産業をめぐる情勢が大きく変化した

わが国の水産政策は，従来は，昭和38年に制定された沿岸漁業等振興法に示された方向に沿って，沿岸漁業等の生産性の向上，漁業者の生活水準の向上などを目的として展開されてきました。

大中型まき網漁業

しかしながら，現在のわが国の社会経済の変化や国際化の進展の中で，わが国水産業をめぐる情勢も次のような点で大きく変化しました。

1　国際海洋秩序の導入，定着

まず，新たな国際海洋秩序の導入，定着が挙げられます。平成8年に国連海洋法条約を批准し，また，平成11年，12年の日韓，日中の新漁業協定の発効により，わが国周辺水域の資源管理の基盤が整った現在，わが国は，自国の200海里水域の資源の持続的利用を基本に，漁業の発展を図っていくことが求められています。

2　漁業生産の減少と自給率の低下

次に，漁業生産の減少と自給率の低下が挙げられます。遠洋漁場の国際規制の強まり，周辺水域の資源状況の変化などから，わが国の漁業生産はピーク時の半減の水準にまで減少しています。また，こうした国内生産の減少と国民の食生活の変化などから，水産物の輸入は増加し，わが国の水産物の自給率は，近年は６割以下にまで低下してきています。中長期的には世界の水産物需給がひっ迫することも予想される中で，消費者ニーズの変化に適切に対応しつつ，国内漁業生産を基本とした水産物の供給体制を構築することが求められています。

３　漁業者の減少と高齢化

第３に，漁業者の減少と高齢化が挙げられます。漁業生産の担い手については，若い漁業者を中心に従事者が減少するとともに，高齢化が進行し，これに伴い，漁村の活力も低下してきています。国民に対する水産物の安定供給を確かなものにするとともに，漁村の活性化を図るためにも，意欲ある担い手の確保，育成とその経営発展を可能とする条件整備が求められています。

さらに一方では，水産業や漁村に対しては，豊かな国民生活の基盤を支えるものとして，その役割を十分に果たしていくことへの期待が高まっています。

水産業や漁村は，蛋白質その他の栄養の供給源として国民の食生活に不可欠である水産物の供給に加え，都市住民に対する健全なレクリエーションの場の提供等を通じ，豊かで安心できる国民生活の実現に貢献しています。国民が効率性重視から安全や安心といった価値観を重視するようになる21世紀においては，こうした水産業や漁村が果たす役割の重要性がこれまで以上に見直されるものと考えられています。

第2章　法の目的と基本理念

国民生活の安定向上と国民経済の健全なる発展を図ること が究極の目的である

(1) 目　　的

水産の施策に関する基本理念等を定めて水産の施策を総合的, 計画的に推進する

この法律の目的として「水産に関する施策について，基本理念及びその実現を図るに基本となる事項を定め，並びに国及び地方公共団体の責務等を明らかにすることにより，水産に関する施策を総合的かつ計画的に推進し，もって国民生活の安定向上及び国民経済の健全な発展を図ることを目的とする。」(第1条）と規定されます。

すなわち，基本理念を定め，これにのっとり，その実現を図るために，基本計画に従って各般の施策を講ずることになっており，これにより，水産に関する施策の総合的かつ計画的な推進が可能となるとの考え方を示しております。そして，「国民生活の安定向上」と「国民経済の健全なる発展」を図ることが究極の目的とされています。

(2) 基本理念

水産政策における最も基本的かつ重要な事項

本法では，国民生活の安定向上および国民経済の健全なる発展の視点に立って，今後の水産政策における最も基本的かつ重要な事項として,「水産物の安定供給の確保」と「水産業の健全な発展」を基本理念に位置付けており（第２条，第３条），これによって水産政策全体の方向付けを行っています。

なお，これらの基本理念に対応する形で，第３章で後述するように基本施策に関する規定（第12条から第32条）が置かれています。

1　水産物の安定供給の確保

(ｱ)　良質な水産物の安定的な供給

「水産物は，健全な食生活その他健康で充実した生活の基礎として重要なものであることにかんがみ，将来にわたって，良質な水産物が合理的な価格で安定的に供給されなければならない。」（第２条第１項）と規定しており，国民に対する水産物の供給方針を定めています。

水産物は，食生活における蛋白質等の供給源としてだけではなく，肥料・餌・医薬品の原料等としても，国民の健康で充実した生活の基礎として重要なものです。このため，将来にわたって良質な水産物が合理的な価格で安定的に供給されるべきことを基本理念として位置付けています。

(ｲ)　水産資源の持続的な利用の確保

「水産物の供給に当たっては，水産資源が生態系の構成要素であり，限りあるものであることにかんがみ，その持続的な利用を確保するため，海洋法に関する国際連合条約の的確な実施を旨として水産資源の適切な保存及び管理が行われるとともに，環境との調和に配慮しつつ，水産動植物の増殖及び養殖が推進されなければならない。」（第２条第２項）と規定し，水産物の安定供給の前提としての資源の持続的利用の必要性，重要性を定めています。

水産物は，水産資源を利用して生産されるものですが，水産資源は

ブリ（モジャコ）

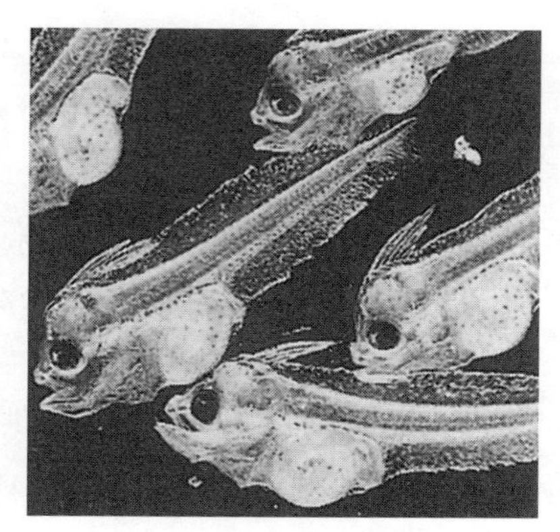

ヒラメ（ふ化後12日）

アワビ（着底直後の稚貝）

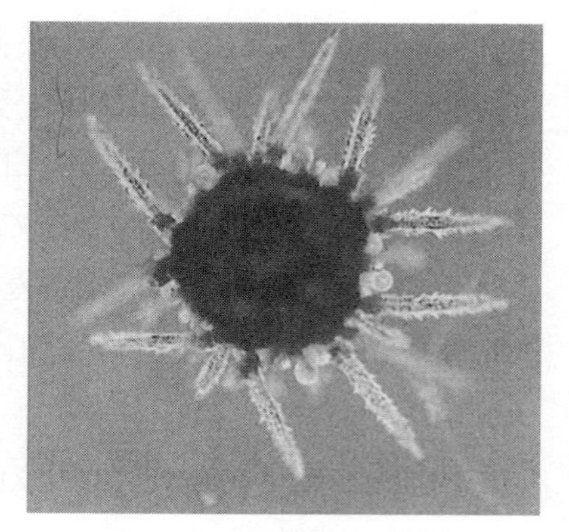

バフンウニ（沈着して数日）

水産資源の幼稚仔

（幼稚仔の生活とすみ場の保全が大切）

生態系の構成要素であり，自然の力による再生産が可能ですが，許容限度を越えて漁獲した場合には枯渇するおそれがあります。

　このような資源の特性を踏まえて，水産物の安定供給を図るためには，次の2点について水産資源の持続的な利用を確保する必要があり，この点を基本理念として位置付けております。

①　水産資源の適切な保存および管理

水産資源を望ましい水準に維持し，また回復するため，水産資源が過度の漁獲によって危険にさらされないよう，水産動植物の採捕の制限などの措置，すなわち，水産資源の適切な保存管理が行われるべきこと。

②　水産動植物の増殖および養殖の推進

漁獲規制等を通じ，自然の力を基にした資源水準の回復を期待するだけでなく，より積極的に水産資源の増大を図ることが重要であることから，水産動植物の増殖および養殖を推進すべきこと。

(ウ)　わが国の漁業生産の増大

「国民に対する水産物の安定的な供給については，世界の水産物の需給及び貿易が不安定な要素を有していることにかんがみ，水産資源の持続的な利用を確保しつつ，我が国の漁業生産の増大を図ることを基本とし，これと輸入とを適切に組み合わせて行わなければならない。」（第2条3項）と規定し，水産物の供給についての基本姿勢を定めています。

2　水産業の健全な発展

(ア)　水産業の健全な発展

「水産業については，国民に対して水産物を供給する使命を有するものであることにかんがみ，水産資源を持続的に利用しつつ，高度化し，かつ，多様化する国民の需要に即した漁業生産並びに水産物の加工及び流通が行われるよう，効率的かつ安定的な漁業経営が育成され，漁業，水産加工業及び水産流通業の連携が確保され，並びに漁港，漁場その他の基盤が整備されることにより，その健全な発展が図られなければならない。」（第３条第１項）と規定し，水産業に関する施策の方針について定めています。

国民に対する水産物の安定供給の観点からは，漁業だけでなく加工・流通業を含む水産業全体を国民への水産物の供給産業としてとらえ，その健全な発展を図って行くことが重要です。

このような考え方に基づき，

①　効率的かつ安定的な漁業経営の育成

②　漁業・水産加工業および水産流通業の水産各部門の連携の確保

③　漁港・漁場等の基盤の整備

の３点を柱とする基本理念として「水産業の健全な発展」を位置付けたものです。

(イ)　漁村の振興

「水産業の発展に当たっては，漁村が漁業者を含めた地域住民の生活の場として水産業の健全な発展の基盤たる役割を果たしていることにかんがみ，生活環境の整備その他の福祉の向上により，その振興が図られなければならない。」（第３条第２項）と規定し，漁村に関する施策の方針について定めています。

(3)　関係者の責務等

基本理念を実現するためには，関係者全体が取り組むことが必要である

前述した「基本理念」を実現するためには，関係者全体がこれに取り組むことが必要であり，国および地方公共団体の責務を定めるとともに，水産業者の努力義務，遊漁者・遊漁船業者等の協力義務，消費者の役割等を定めております。

1　国の責務

「国は，基本理念にのっとり，水産に関する施策を総合的に策定し，実施する責務を有する。」（第４条第１項）と規定し，国の責務を明らかにしております。この場合の「国」とは，立法府，司法府，行政府を含めた国を意味し，「政府」（第９条から第12条）とは，そのうちの行政府のみを指し，この場合は国の責務について定めています。

また，「国は，水産に関する情報の提供等を通じて，基本理念に関する国民の理解を深めるよう努めなければならない。」（第４条第２項）と規定し，基本理念の実現については，国が自ら施策の推進をするだけではなく，国民共通の認識や関係者の施策への協力等がなければ不可能であるので，国が基本理念に関する国民の理解を深めるよう努めるべき旨を定めております。

2　地方公共団体の責務

「地方公共団体は，基本理念にのっとり，水産に関し，国との適切な役割分担を踏まえて，その地方公共団体の区域の自然的経済的社会的諸条件に応じた施策を策定し，及び実施する責務を有する。」（第５条）と規定し，国とともに水産施策を推進すべき主体である地方公共団体の責務に関して定めております。

3　水産業者等の努力

「水産業者及び水産業に関する団体は，水産業及びこれに関連する活動を行うに当たっては，基本理念の実現に主体的に取り組むよう努めるものとする。」（第６条第１項）と規定し，水産業者および水産業に関する団体の努力義務について定めています。

基本理念の実現のためには，国や地方公共団体の政策努力に加え，

磯釣り（遊漁）

船釣り（遊漁）

水産業者および水産業に関する団体も，基本理念の実現を自ら問題として受け止め，主体的に取り組む必要があります。

4　遊漁者，遊漁船業者等の協力義務

「漁業者以外の者であって，水産動植物の採捕及びこれに関連する活動を行うものは，国及び地方公共団体が行う水産に関する施策の実

施について協力するようにしなければならない。」（第６条第２項）と規定し，漁業者以外の水産動植物の採捕者等（遊漁者，遊漁船業者等）の協力義務について定めています。

5　水産業者等の努力の支援

「国及び地方公共団体は，水産に関する施策を講ずるに当たっては，水産業者及び水産業に関する団体がする自主的な努力を支援することを旨とするものとする。」（第７条）と規定し，国や地方公共団体が施策を講じていく上で基本的なあり方について定めています。

6　消費者の役割

「消費者は，水産に関する理解を深め，水産物に関する消費生活の向上に積極的な役割を果たすものとする。」（第８条）と規定し，消費者の役割について定めています。

7　法制上の措置等

「政府は，水産に関する施策を実施するため必要な法制上，財政上及び金融上の措置を講じなければならない。」（法第９条）と規定し，本法で定められている各施策が確実に実施されるようにその根拠となり，あるいは具体的な内容をなす法制面，財政面，金融面における措置が講じられる必要があることを定めています。この場合の「法制上の措置」とは，法律案の作成，提出，政省令の制定であり，「財政上の措置」とは，施策の実務に必要な資金の予算への計上等の措置，「金融上の措置」とは，施策の実施に必要な資金の融通に係る措置等をいいます。

第3章　基本的政策

基本理念に対応して定められている

(1)　水産基本計画

水産に関する施策の総合的かつ計画的な推進を図るための計画

1　基本計画の策定

「政府は，水産に関する施策の総合的かつ計画的な推進を図るため，水産基本計画（以下「基本計画」という。）を定めなければならない。」（第11条第1項）と規定し，政府が水産基本計画を策定すべきことを定めています。

2　基本計画の規定事項

基本計画に規定すべき次に掲げる4項目の事項を定めています（第11条第2項）。

①　水産に関する施策についての基本的な方針（第1号）

わが国の水産をめぐる動向を踏まえ，「国民に対する水産物の安定供給の確保」と「水産業の健全な発展」という基本理念の考え方をわかりやすく，かつ，詳しく記述することが想定されています。

②　水産物の自給率の目標（第2号）

漁業生産および水産物消費の課題と，それが解決された場合に実現可能な生産量および消費量の水準を明らかにした上で，水産物自給率の数値目標を記述することが想定されています。

③　水産に関し，政府が総合的かつ計画的に講ずべき施策（第３号）

「水産物の安定供給の確保に関する施策」および「水産業の健全な発展に関する施策」の分野ごとに，国が基本理念に即して講ずべき施策の具体的な方向を記述することが想定されています。

④　①②③のほか，水産に関する施策を総合的かつ計画的に推進するために必要な事項（第４号）

政策の評価と見直し，情報の公開と国民の意見の反映，国と地方の役割分担の明確化など，水産施策を推進するに当たっての留意事項について記述することが想定されています。

3　自給率の目標の意義

「水産物の自給率の目標」については，

①　その向上を図ることを旨とすること。

②　わが国の漁業生産および水産物の消費に関する指針として，漁業者その他の関係者が取り組むべき課題を明らかにして定めること。

と規定し，（第６条第３項），水産物の自給率の目標の意義について定めています。

この場合の「自給率」は，

自給率（％）＝（国内生産量÷国内消費仕向量）× 100

で表します。

4　自給率の目標と食料の自給率目標との関係

「第２項第２号に掲げる水産物の自給率の目標（前述の２の②）については，食料・農業・農村基本法（平成 11 年法律第 106 号）第 15 条第２項第２号に掲げる食料自給率の目標との調和が保たれたものでなければならない。」（第 11 条第４項）と規定し，水産物の自給率目標と

カツオ一本釣り漁業

食料自給率目標との関係について定めています。

「食料・農業・農村基本法」に基づいて，食料・農業・農村基本計画で食料自給率の目標を定めることとなっており，その対象となる食料の中で水産物は，重量ベースで約４分の３もの大きな割合を占めており，水産物の自給率目標と食料自給率目標の関係について調和を保つ必要があるのです。

5　漁村に関する施策と国土の総合開発等との関係

「基本計画のうち漁村に関する施策に係る部分については，国土の総合的な利用，開発及び保全に関する国の計画との調和が保たれなければならない。」（第11条第５項）と規定し，漁村の開発と国土の総合的な利用，開発および保全に関する国の計画との関係について定めています。

基本計画のうち，漁村に関する部分については，国土総合開発法に基づく全国総合開発計画等と漁村に関する施策との調和が保たれたものとする必要があります。

6　基本計画の水産政策審議会の審議

「政府は，第１項の規定により基本計画を定めようとするときは，水産政策審議会の意見を聴かなければならない。」（第11条第６項）と規定し，基本計画の水産政策審議会における審議について定めています。

7　基本計画の国会報告等

「政府は，第１項の規定により基本計画を定めようとするときは，これを国会に報告するとともに，公表しなければならない。」（第11条第７項）と規定し，国会報告および公表について定めています。

8　基本計画の改定等

「政府は，水産をめぐる情勢の変化を勘案し，並びに水産に関する施策の効果に関する評価を踏まえ，おおむね5年ごとに，基本計画を変更するものとする。」（第11条第8項）と規定し，基本計画の改定・見直し時期について定めています。

基本計画の策定後も，具体的な政策指針としての性格が薄れないよう，水産をめぐる情勢の変化を勘案し，また，施策の効果に関する評価を行い，おおむね5年ごとにこれを見直すこととされています。

(2)　水産物の安定供給の確保に関する施策

基本理念の「水産物の安定供給の確保」を実現させるための施策

ここでは，前述した基本理念のうちの「水産物の安定供給の確保」（第2章の(2)の1・202頁）に対応して，その実現を図るための施策（第12条から第20条まで）に関する規定を設けています。

1　食料である水産物の安定供給の確保

「食料である水産物の安定的な供給の確保に関する施策については，食料・農業・農村基本法及びこの節に定めるところによる。」（第12条）と規定し，食料・農業・農村基本法に基づく施策との関係について整理しています。

食料・農業・農村基本法においては，食料の安定供給の確保に関する施策について規定されており，水産物のうち食料であるものも，その対象となっています。このため，水産基本法の施策を規定するに当たって，本条において，両法の関係について整理したものです。

水産基本法に基づく施策と食料・農業・農村基本法に基づく施策と

の関係については，次のとおりです。

㋐　水産基本法において，水産物の安定供給の確保に関する施策として規定されているもの

㋑　水産基本法には規定を設けず，食料・農業・農村基本法の規定に委ねることとされているもの

2　排他的経済水域等における水産資源の適切な保存および管理

㋐　水産資源の適切な保存および管理

「国は，排他的経済水域等（我が国の排他的経済水域，領海及び内水並びに大陸棚（排他的経済水域及び大陸棚に関する法律（平成8年法律第74号）第2条に規定する大陸棚をいう。）をいう。以下同じ。）における水産資源の適切な保存及び管理を図るため，最大持続生産量を実現することができる水準に水産資源を維持し又は回復させることを

稚魚の放流

旨として，漁獲量及び漁獲努力量の管理その他必要な施策を講ずるものとする。」（第13条第1項）と規定し，わが国周辺における水産資源の適切な保存および管理について規定しています。

(イ) 水産資源の保存管理措置が漁業経営に及ぼす影響についての緩和のための施策

「国は，前項に規定する施策が漁業経営に著しい影響を及ぼす場合において必要があると認めるときは，これを緩和するために必要な施策を講ずるものとする。」（第13条第2項）と規定し，水産資源の保存管理措置が漁業経営に著しい影響を及ぼした場合，これを緩和するために必要な施策を講ずることについて定めています。

3 排他的経済水域以外の水域における水産資源の適切な保存および管理

「国は，我が国が世界の漁業生産及び水産物の消費において重要な地位を占めていることにかんがみ，排他的経済水域等以外の水域における水産資源の適切な保存及び管理が図られるよう，水産資源の持続的な利用に関する国際機関その他の国際的な枠組みへの協力，我が国の漁業の指導及び監督その他必要な施策を講ずるものとする。」（第14条）と規定し，公海や外国の排他的経済水域など，いわゆる海外漁場における水域における水産資源の適切な保存および管理について定めています。

4 水産資源に関する調査および研究

「国は，水産資源の適切な保存及び管理に資するため，水産資源に関する調査及び研究その他必要な施策を講ずるものとする。」（第15条）と規定し，水産資源の保存および管理と密接不可分の関係にある施策として，水産資源に関する調査および研究について定めています。

ノリ養殖網

カキ養殖業（垂下式）

5 水産動植物の増殖および養殖の推進

「国は，環境との調和に配慮した水産動植物の増殖及び養殖の推進を図るため，水産動物の種苗の生産及び放流の推進，養殖漁場の改善の促進その他必要な施策を講ずるものとする。」（第16条）と規定し，環境との調和に配慮した水産動植物の増殖および養殖の推進について定めています。具体的な施策として，水産動物の種苗の生産および放流の推進，養殖漁場の改善の促進等をあげています。

6 水産動植物の生育環境の保存および改善

「国は，水産動植物の生育環境の保全及び改善を図るため，水質の保全，水産動植物の繁殖地の保護及び整備，森林の保全及び整備その他必要な施策を講ずるものとする。」（第17条）と規定し，水産資源の適切な保存管理や増養殖の推進の前提として，さらには水産物の安全性を確保するための不可欠の条件として，水産動植物の生育環境の保全および改善を図ることについて定めています。

7 排他的経済水域等以外の水域における漁場の維持および開発

「国は，排他的経済水域等以外の水域における我が国の漁業に係る漁場の維持及び開発を図るため，操業に関する外国との協議，水産資源の探査その他必要な施策を講ずるものとする。」（第18条）と規定し，いわゆる海外漁場の確保対策について定めています。

この中で，わが国200海里の外側の水域でのわが国漁業の操業を確保するために，外国との協議，資源の探査等の施策を講ずることとしています。

8 水産物の輸出入に関する措置

(ア) 輸入に関する措置

「国は，水産物につき，我が国の水産業による生産では需要を満たす

サケ・マス流し網漁業

マグロ延縄漁業

ことができないものの輸入を確保するため必要な施策を講ずるとともに，水産物の輸入によって水産資源の適切な保存及び管理又は当該水産物と競争関係にある水産物の生産に重大な支障を与え，又は与えるおそれがある場合において，特に必要があるときは，輸入の制限，関税率の調整その他必要な施策を講ずるものとする。」（第19条第1項）と規定し，水産物の輸入に関する措置について定めています。この中で次の施策を講ずることとしています。

① 世界の水産物貿易が不安定な要素をはらんでいる中で，国民への水産物の供給に当たっては，わが国の水産業の生産では需要を満たすことができない水産物の輸入の確保を図ること

② 輸入によって水産資源の保存管理や国内生産に重大な支障を与えることのないように，特に必要があるときは，WTO協定を遵守しながら所要の輸入制限措置を講ずること

(イ) 輸出に関する措置

「国は，水産物の輸出を促進するため，水産物の競争力を強化するとともに，市場調査の充実，情報の提供，普及宣伝の強化その他必要な施策を講ずるものとする。」（第19条第2項）と規定し，水産物の輸出に関する措置を定めています。

9　国際協力の推進

「国は，世界の水産物の需要の将来にわたる安定に資するため，開発途上地域における水産業の振興に関する技術協力及び資金協力その他の国際協力の推進に努めるものとする。」（第20条）と規定し，世界の水産物需給の安定の観点から，国際協力（国際協力事業団・海外漁業協力財団の事業等）の推進について定めています。

(3)　水産業の健全な発展に関する施策

基本理念の「水産業の健全な発展」を実現するための施策

ここでは，前述した基本理念のうちの「水産業の健全なる発展」（第2章の(2)の２・205頁）に対応して，その実現を図るための施策（第21条から第32条まで）に関する規定を設けています。

１　効率的かつ安定的な漁業経営の育成

「国は，効率的かつ安定的な漁業経営を育成するため，経営意欲のある漁業者が創意工夫を生かした漁業経営を展開することが重要であることにかんがみ，漁業の種類及び地域の特性に応じ，経営管理の合理化に資する条件の整備，漁船その他の施設の整備の促進，事業の共同化の推進その他漁業経営基盤の強化の促進に必要な施策を講ずるものとする。」（第21条）と規定し，今後の基本方針として，効率的かつ安定的な漁業経営の育成について定めています。効率的かつ安定的な漁業経営を育成するため，経営意欲のある漁業者が創意工夫を生かした漁業経営を展開できるよう，経営の管理のための条件整備，漁船等の施設の整備，事業の共同化の推進等の施策が必要です。

２　漁場の利用の合理化の促進

「国は，効率的かつ安定的な漁業経営の育成に資するため，漁場の利用の合理化の促進とその他必要な施策を講ずるものとする。」（第22条）と規定し，効率的かつ安定的な漁業経営の育成と密接不可分に関連した施策として，漁場の利用の合理化の促進等について定めています。

３　人材育成および確保

人材育成および確保については，「国は，効率的かつ安定的な漁業経

定置漁業

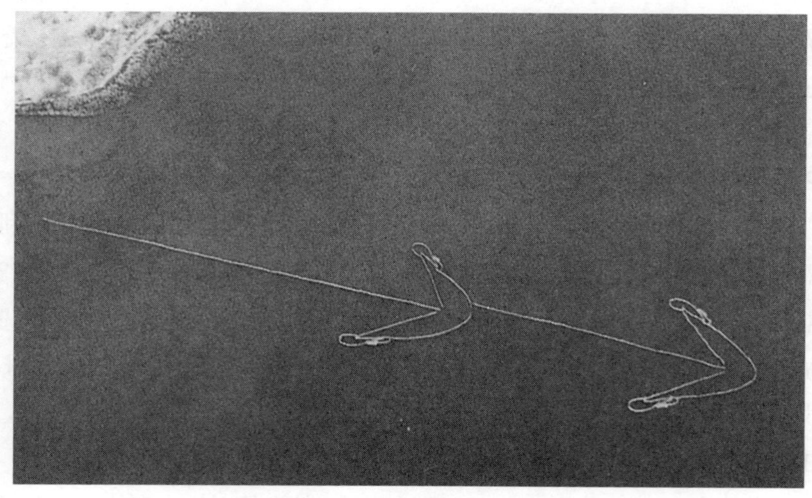

すだて漁業

営を担うべき人材の育成及び確保を図るため，漁業者の漁業の技術及び経営管理能力の向上，新たに漁業に就業しようとする者に対する漁業の技術及び経営方法の習得の促進その他必要な施策を講ずるものとする。」（第23条第１項）と規定し，漁業における人づくりに着目し，効率的かつ安定的な漁業経営を担うべき人材の育成および確保についても定めています。

また，「国は，漁ろうの安全の確保，労働条件の改善その他漁業の従事者の労働環境の整備に必要な施策を講ずるものとする。」（第23条第２項）と規定し，人材の育成確保に関連する施策として，漁業の従事者の労働環境の整備について定めています。

さらに，「国は，国民が漁業に対する理解と関心を深めるよう，漁業に関する教育の振興その他必要な施策を講ずるものとする。」（第23条第３項）と規定し，人材確保に関する施策として，漁業教育の振興について定めています。

４　漁業災害による損失の補てん等

「国は，災害によって漁業の再生産が阻害されることを防止するとともに，漁業経営の安定を図るため，災害による損失の合理的な補てんその他必要な施策を講ずるものとする。」（第24条第１項）と規定し，自然的経済的社会的諸条件の変動の影響を受けやすいという漁業の特徴を踏まえた施策について定めています。

「国は，漁業経営の安定に資するため，水産物の価格の著しい変動を緩和するために必要な施策を講ずるものとする。」（第24条第２項）と規定し，水産物の価格の著しい変動の緩和について定めています。

５　水産加工業および水産流通業の健全な発展

「国は，水産加工業及び水産流通業の健全な発展を図るため，事業活動に伴う環境への負荷の低減及び資源の有効利用の確保に配慮しつつ，事業基盤の強化，漁業との連携の推進，水産物の流通の合理化その他必要な施策を講ずるものとする。」（第25条）と規定し，漁業以外の水産業，すなわち水産加工業および水産流通業に関する施策について定めています。

6 水産業の基盤の整備

「国は，水産業の生産性の向上を促進するとともに，水産動植物の増殖及び養殖の推進に資するため，地域の特性に応じて，環境との調和に配慮しつつ，事業の効率的な実施を旨として，漁港の整備，漁場の整備及び開発その他水産業の基盤の整備に必要な施策を講ずるものとする。」（第26条）と規定し，水産基盤の整備について定めています。水産業の生産性の向上や増養殖の推進を図るため，環境との調和に配慮しつつ，漁港の整備等の水産業の整備に必要な施策を講ずることとしています。

7 技術の開発および普及

「国は，水産に関する技術の研究開発及び普及の効果的な推進を図るため，これらの技術の研究開発の目標の明確化，国，独立行政法人及び都道府県の試験研究機関，大学，民間等の連携の強化，地域の特性に応じた水産に関する技術の普及事業の推進その他必要な施策を講ずるものとする。」（第27条）と規定し，水産業全般に関する施策として，水産に関する技術の開発および普及について定めています。

8 女性の参画の促進

「国は，男女が社会の対等な構成員としてあらゆる活動に参画する機会を確保することが重要であることにかんがみ，女性の水産業における役割を適正に評価するとともに，女性が自らの意思によって水産業及びこれに関連する活動に参画する機会を確保するための環境整備を推進するものとする。」（第28条）と規定し，女性の参画する機会を確保するための環境整備について定めています。

9　高齢者の活動の促進

「国は，水産業における高齢者の役割分担並びにその有する技術及び能力に応じて，生きがいを持って水産業に関する活動を行うことができる環境整備を推進し，水産業に従事する高齢者の福祉の向上を図るものとする。」（第29条）と規定し，高齢者が能力を十分に発揮することのできる環境の整備について定めています。

10　漁村の総合的な振興

「国は，水産業の振興その他漁村の総合的な振興に関する施策を計画的に推進するものとする。」（第30条第１項）と規定し，漁村の振興に関する施策を講じるに当たっての基本的な考え方を定めています。漁村の振興に当たっては，水産業の振興が基本となるがそれに限らず，幅広い観点に立った地域振興策を計画性をもって推進すべきであるとしています。

「国は，地域の水産業の健全な発展を図るとともに，景観が優れ，豊かで住みよい漁村とするため，地域の特性に応じた水産業の基盤と防災，交通，情報通信，衛生，教育，文化等の生活環境の整備その他の福祉の向上とを総合的に推進するよう，必要な施策を講ずるものとする。」（第30条第２項）と規定し，水産業の基盤の整備と生活環境の整備等福祉の向上の総合的な推進について定めています。

11　都市と漁村の交流等

「国は，国民の水産業及び漁村に対する理解と関心を深めるとともに，健康的でゆとりのある生活に資するため，都市と漁村との間の交

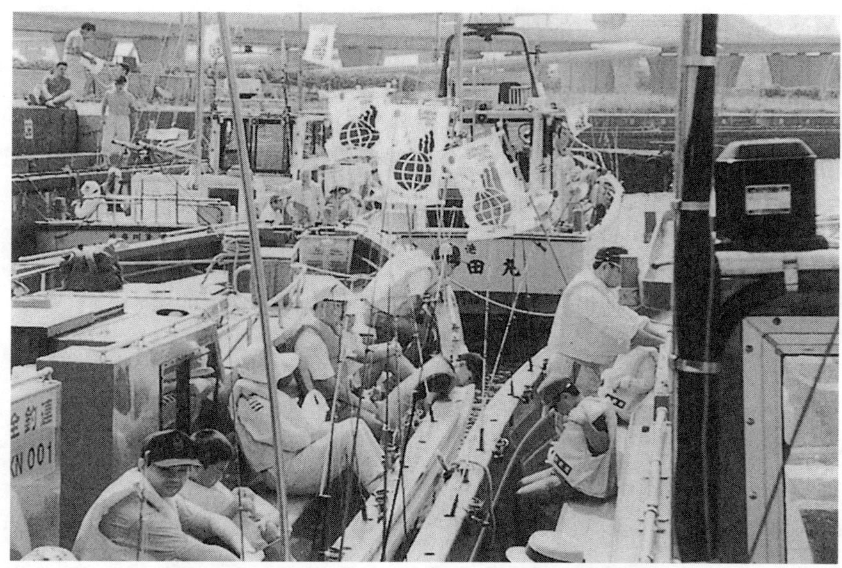

都市と漁村の交流

流の促進，遊漁船業の適正化その他必要な施策を講ずるものとする。」（第 31 条）と規定し，漁村の振興に関する施策として，都市と農村の交流の促進，遊漁船業の適正化等に必要な施策等について定めています。

12　多面的機能に関する施策の充実

「国は，水産業及び漁村が国民生活及び国民経済の安定に果たす役割に関する国民の理解と関心を深めるとともに，水産業及び漁村の有する水産物の供給の機能以外の多面にわたる機能が将来にわたって適切かつ十分に発揮されるようにするため，必要な施策を講ずるものとする。」（第 32 条）と規定し，水産業および漁村の有する多面的機能に関する施策の充実について定めています。

第 4 章　行政機関および団体

行政組織の整備，行政運営の効率化・透明性や水産団体の効率的な再編整備が必要である

1　行政組織の整備等

「国及び地方公共団体は，水産に関する施策を講ずるにつき，相協力するとともに，行政組織の整備並びに行政運営の効率化及び透明性の向上に努めるものとする。」（第 33 条）と規定し，水産政策を担う行政機関のあり方について定めています。

2　団体の再編整備

「国は，基本理念の実現に資することができるよう，水産に関する団体の効率的な再編整備につき必要な施策を講ずるものとする。」（第 34 条）と規定し，水産団体の再編整備（例えば，漁業協同組合の合併の促進）について規定しています。

第5章　水産政策審議会

水産政策に関する重要事項を審議事項とする唯一の政策審議型の審議会

1　設　　置

「農林水産省に，水産政策審議会（以下，「審議会」という。）を置く。」（第35条）と規定し，水産政策審議会の設置について定めています。

水産政策審議会は，水産基本法に基づいて各般の施策を講ずるに当たっては，事柄の重要性，専門知識が重要なこと等の理由により政府だけの判断で進めるのではなく，学識経験者を含めた国民各層の意見を徴し，その調査審議の結果を取り入れて施策を講じていくことが必要であることから，水産政策に関する重要事項を審議事項とする唯一の政策審議型の審議会として，沿岸漁業等振興審議会の組織を引き継いで設置されました。

2　権　　限

第36条において，

「審議会は，この法律の規定によりその権限に属させられた事項を処理するほか，農林水産大臣又は関係各大臣の諮問に応じ，この法律の施行に関する重要事項を調査審議する。

2　審議会は，前項に規定する事項に関し農林水産大臣又は関係各大臣に意見を述べることができる。

3　審議会は，前2項に規定するもののほか，漁業法（昭和24年法律

267号），漁港漁場整備法（昭和25年法律第137号），漁船法（昭和25年法律第178号），水産資源保護法（昭和26年法律第313号），海洋水産資源開発促進法（昭和46年法律第60号），沿岸漁場整備開発法（昭和49年法律第49号），漁業再建整備特別措置法（昭和51年法律第43号），海洋生物資源の保存及び管理に関する法律（平成8年法律第77号）及び持続的養殖生産確保法（平成11年法律第51号）の規定によりその権限に属させられた事項を処理する。」

と規定し，審議会の権限について定めています。

審議会は，水産基本法の規定に基づき，水産に関して講じようとする施策，水産基本計画等について審議するほか，漁業法などの個別法の規定によりその権限に属させられた事項について，それぞれ処理することとなっています。

索　引

あ

アウトサイダーの協定参加…………161
網元……………………………………6

い

委員会指示…………83, 84, 86, 87, 125
磯漁業…………………………………4
磯猟場…………………………2, 3, 4, 6
一村専用漁場…………1, 2, 3, 4, 10, 14
板びき網漁業…………………………152
入口規制………………………………144

う

浮魚…………………13, 14, 24, 33, 34

え

江戸時代の漁業制度……………………1
沿岸漁場整備開発法…………………126
遠洋底びき……………………70, 72

お

沖猟場…………………………2, 3, 6

か

海岸法……………………………………39
海区漁業調整委員会……………………77
海面官有…………………………7, 9
海面借区…………………………7, 9
海面利用協議会……79, 80, 81, 86, 126
海洋生物資源の保存及び管理に
　関する法律……………141, 145, 149
海洋性レクリエーション
　……………………38, 39, 79, 80, 81
海洋法に関する国際連合条約…141, 142
外来魚の移植…………………………125
河川法……………………38, 39, 51, 110
カツオ一本釣漁業……………………206
管轄海面………………………………155
関係地区………………40, 41, 42, 46

き

基本計画……………………150, 151, 159
基本理念………………………………196
行政委員会……………………75, 76, 80
協定……………………160, 161, 162
共同漁業…………………………………30
許可………………………………………64
許可漁業……………7, 14, 20, 22, 64,
　105, 107, 110
漁獲可能量…………142, 147, 148, 156
漁獲努力量……………………………149
漁獲能力の規制………………………144
漁業………………………………………15
漁業を営む権利…………………………51
漁業権……………………………………24
漁業権漁業…………20, 21, 26, 59, 109
漁業権証券………………………………11
漁業権侵害……………17, 33, 34, 63
漁業権の貸付……………………………62
漁業権の種類……………………………24
漁業権の譲渡性…………………………61
漁業権の性質……………………………51

漁業権の設定 …… 34
漁業権の担保性 …… 60
漁業権の発生 …… 57
漁業権の物権性 …… 58
漁業権の免許 …… 42
漁業時期 …… 41
漁業者 …… 18
漁業種類 …… 40
漁業従事者 …… 18
漁業調整 …… 21
漁業調整委員会 …… 75
漁業調整規則 …… 122
漁業補償 …… 104
漁権 …… 23
漁場計画 …… 36
漁場の位置 …… 40
漁場の区域 …… 40
漁場利用調整協議会 …… 80
漁場利用協定 …… 126
漁民 …… 18
業務規程 …… 184
業務主任者 …… 186
魚道 …… 138, 139
漁ろう …… 16, 17
ギルド …… 7

く

区画漁業 …… 27
国の責務 …… 201
組合管理漁業権 …… 26, 29, 44

け

経営者免許漁業権 …… 26, 29, 43
建議事項 …… 83

こ

公益 …… 37, 38
公海 …… 19
公共の用に供する水面 …… 18
港則法 …… 39
公有水面埋立法 …… 39, 51
港湾法 …… 39, 51
小型底びき網 …… 23, 66, 67
国連海洋法条約 …… 141, 146
個別独占漁場 …… 4, 10, 14
個別割当て方式 …… 159

さ

最大持続生産量 …… 143, 148
裁定 …… 83
採捕 …… 16
採捕の停止 …… 158, 159
さく河性魚類 …… 135

し

資源管理法 …… 141, 142, 144, 146
指定海洋生物資源 …… 154
指定漁業 …… 20, 69, 72, 112
支配権 …… 51
承認漁業 …… 74
所有権 …… 16, 52, 59, 104, 109
地元地区 …… 41, 42, 45, 48
諮問事項 …… 83
消費者の役割 …… 203
自由漁業 …… 14, 20, 107
自律更新資源 …… 148
親告罪 …… 63

す

水産基本計画 …… 204
水産基本法 …… 193
水産業者等の努力 …… 201
水産資源枯渇防止法 …… 127
水産資源の保護 …… 21, 64, 128

水産資源保護法 ……………… 120, 127
水産政策審議会 ……………… 222
水産動植物 ……………… 15
水産物の安定供給の確保 ……… 197, 208

せ
制度改革 ……………… 11
制度の変遷 ……………… 14
制度の歴史 ……………… 1
窃盗罪 ……………… 16, 17
瀬戸内海機船船びき網 ……… 65, 67
瀬戸内海漁業取締規則 ……… 121
川境 ……………… 3
専用漁業権 ……………… 10
全国釣船業協同組合連合会 ……… 169

そ
増殖 ……………… 17
増殖命令 ……………… 94
存続期間 ……………… 55
属人的適用 ……………… 19

た
ダイビング ……………… 80
第１種共同漁業 ……………… 14, 30
第１種特定海洋生物資源 ……… 149
第２種共同漁業 ……………… 14, 30
第３種共同漁業 ……………… 14, 31
第４種共同漁業 ……………… 14, 32
第５種共同漁業 ……………… 14, 32, 92
第１種区画漁業 ……………… 28
第２種区画漁業 ……………… 29
第３種区画漁業 ……………… 29
対価補償 ……………… 106
大臣許可漁業 ……………… 69
大中型まき網 ……………… 70, 72
大宝律令 ……………… 1
大陸棚 ……………… 146
たこ壺 ……………… 68
団体の指定 ……………… 169

ち
中型まき網 ……………… 66, 67
蓄養 ……………… 17
地先水面専用漁業権 ……………… 3
知事許可漁業 ……………… 64, 151, 159
地方公共団体の責務 ……………… 201

つ
通損補償 ……………… 107

て
定置漁業 ……………… 25, 27
抵当権 ……………… 61
停泊命令 ……………… 159
適用範囲 ……………… 18
適格性 ……………… 43
出口規制 ……………… 144
伝染性疾病 ……………… 131

と
東都釣師漁撈大全 ……………… 163
登録の拒否 ……………… 177
登録の抹消 ……………… 180
特定海洋生物資源 ……………… 147, 149
特定区画漁業権 ……………… 26, 29, 44, 49
特別漁業権 ……………… 10, 14
都市と漁村の交流 ……………… 219, 220
都道府県計画 ……………… 151

な
内水面漁業制度 ……………… 89
内水面漁業協同組合 ……………… 91
内水面漁業の性格 ……………… 89

内水面漁業の範囲……90
内水面漁場管理委員会……101
内水面の共同漁業権……92

の

ノリ養殖網……211

は

排他的経済水域……141
排他的経済水域等……146
爆発物……129

ふ

物権的請求権……59, 97

ほ

法定知事許可漁業……65, 69
保護水面……133

ま

まき餌……124
マグロ延縄漁業……213
マニアタイプ……117
マルチレジャータイプ……117, 118

む

無主物……16
無主物先占……16

め

名義利用の禁止……182
明治漁業法……10
明治の漁業制度……9
免許をしない場合……50
免許状……57
免許の内容……40, 53
免許予定日……41

ゆ

遊漁……96, 113
遊漁規則……95
遊漁者，遊漁船業者等の協力義務…202
遊漁船……174
遊漁船業……173
遊漁船業者……174
遊漁船業者の遵守事項……189
遊漁船業の組織化……168
遊漁船業の団体指定……169
遊漁船業の登録……175
遊漁船業の歴史……163
遊漁船業法……163, 165
遊漁の概念……116
遊漁の現状……114
遊漁の制度……119
遊漁料……100
優先順位……46
有毒物……129

よ

養殖……17

り

律令要略……2
領域……2, 6
領海……19, 20, 74
利用者名簿……188, 189
領主……2, 3, 4, 6, 7
領有……2, 3, 7

＜著者略歴＞

金田 禎之（かねだ よしゆき）

1948年4月農林省入省，秋田県水産課長，水産庁漁業調整課長，水産庁沖合課長，瀬戸内海漁業調整事務局長，日本原子力船開発研究事業団相談役，社団法人日本水産資源保護協会専務理事等を経て，全国釣船業協同組合連合会会長，社団法人全国遊漁船業協会副会長等を歴任

主なる著書等

都道府県漁業調整規則の解説	新水産新聞社
定置漁業者のための漁業制度解説	水産グラフ社
実用漁業法詳解	成山堂書店
日本漁具・漁法図説	成山堂書店
漁業紛争の戦後史	成山堂書店
漁業関係判例総覧，同続巻	大成出版社
総合水産辞典	成山堂書店
和文・英文　日本の漁業と漁法	成山堂書店
漁業関係判決要旨総覧	大成出版社
新編漁業法詳解	成山堂書店
新編都道府県漁業調整規則詳解	水産新潮社
さかな随談	成山堂書店
四季のさかな話題事典	東京堂出版
解説・判例漁業六法	大成出版社
江戸前の魚	成山堂書店
さかな博学ユーモア事典	国書刊行会
魚百選	本の泉社

新編 漁業法のここが知りたい（2訂増補版）　定価はカバーに表示してあります。

平成15年1月18日　初版発行
平成28年10月28日　2訂増補版発行

著　者　金田　禎之
発行者　小川　典子
印　刷　三和印刷株式会社
製　本　株式会社難波製本

発行所　株式会社　成山堂書店

〒160-0012　東京都新宿区南元町4番51　成山堂ビル

TEL：03(3357)5861　FAX：03(3357)5867
URL　http://www.seizando.co.jp
落丁・乱丁本はお取り換えいたしますので、小社営業チーム宛にお送りください。

ISBN 978-4-425-84048-9

【法令・辞典・図鑑】

新編 漁業法詳解（増補四訂版）	金田禎之著	A５判・688頁・定価 本体9400円
新編 漁業法のここが知りたい（2訂増補版）	金田禎之著	A５判・248頁・定価 本体3000円
和英・英和 総合水産辞典（４訂版）	金田禎之編	B６判・832頁・定価 本体12000円
中国貿易魚介図鑑－東シナ海版－	マルハ株式会社アジア事業部監修 姚 祖 榕・吉田信夫 共著	A５判・168頁・定価 本体2000円
新版 水産動物解剖図譜	廣瀬一美・鈴木伸洋 岡本信明 共著	B５判・136頁・定価 本体1900円
杉浦千里博物画図鑑 美しきエビとカニの世界	杉浦千里画 朝倉彰解説	A４判・112頁・定価 本体3300円
大野龍太郎の魚拓美－色彩美術画集－	大野龍太郎著	A４横判・ 82頁・定価 本体4000円
コインの水族館	木谷浩著	B５判・148頁・定価 本体3000円
海辺の生き物図鑑	千葉県立中央博物館分館海の博物館監修	新書判・144頁・予価 本体1400円
日本漁具・漁法図説（四訂版）	金田禎之著	B５判・678頁・定価 本体20000円
和文英文 日本の漁業と漁法（改訂版）	金田禎之著	B５判・228頁・定価 本体6400円
英文解説付 日本漁船図集（４訂版）	津谷俊人著	A４判・194頁・定価 本体8500円
商用魚介名ハンドブック－学名・和名・英名その他外国名－［3訂版］	㈳日本水産物貿易協会編	A５判・362頁・定価 本体4400円

【生物・資源・増養殖・漁業】

ナマコ学 ―生物・産業・文化―	高橋明義・奥村誠一共著	A５判・258頁・定価 本体3800円
マグロの資源と生物学	水産総合研究センター編著	A５判・320頁・定価 本体4300円
近畿大学プロジェクトクロマグロ完全養殖	熊井英水・宮下盛・小野征一郎編著	A５判・252頁・定価 本体3600円
マグロの科学 －その生産から消費まで－	小野征一郎編著	A５判・360頁・定価 本体4700円
イカ ―その生物から消費まで―（３訂版）	奈須敬二・奥谷喬司・小倉通男共編	A５判・396頁・定価 本体4600円
海の微生物の利用－未知なる宝探し－	今田千秋著	四六判・140頁・定価 本体1600円
海洋プランクトン生態学	谷口旭監修	A５判・356頁・定価 本体3400円
新・海洋動物の毒 ―フグからイソギンチャクまで―	塩見一雄・長島裕二共著	A５判・250頁・定価 本体3300円
水産資源の増殖と保全	北田修一・帰山雅秀・浜崎活幸・谷口順彦編著	A５判・252頁・定価 本体3600円
水産・海洋ライブラリ３ 水族育成論 ―増養殖の基礎と応用―（2訂版）	隆島史夫著	A５判・258頁・定価 本体3800円
最新 漁業技術一般（４訂版）	野村正恒著	A５判・436頁・定価 本体5600円
東日本大震災とこれからの水産業	白須敏朗著	A５判・160頁・定価 本体1429円
福島第一原発事故による海と魚の放射能汚染	水産総合研究センター編	A５判・156頁・定価 本体2000円
魚は減ってない！－暮らしの中にもっと魚を－	横山信一著	A５判・152頁・定価 本体1429円
TheShell －綺麗で希少な貝類コレクション303－	真鶴町立遠藤貝類博物館著	A４変形判・132頁・定価 本体2700円
世界に一つだけの深海水族館	沼津港深海水族館 シーラカンス・ミュージアム館長 石垣幸二 監修	B５判・144頁・定価 本体2000円
サンゴ 知られざる世界	山城秀之著	A５判・180頁・定価 本体2200円